東北大学出版会ブックレット　006

続 海洋瑣談

花輪　公雄　著

東北大学出版会

Zoku Kaiyousadan
Kimio HANAWA
Tohoku University Press, Sendai
ISBN978-4-86163-405-5

はじめに

本書は、東北大学出版会ブックレット〇〇五『海洋瑣談』の続編である。二〇一八年三月末、私は四七年間お世話になった東北大学を定年退職した。これをきっかけに、教育を担当する理事として六年間執筆した「学生の皆さんへ」（同ブックレット〇〇三と〇〇四として出版）に代わり、「海洋瑣談」としてエッセイを書くこととした。海洋瑣談とは名付けても、海洋のほかに気象や気候、科学全般を対象として、その時々のニュースなどで話題になった出来事や起こった現象に対して、考えたことや感じたこと、あるいは解説を記したエッセイである。短い時間で読めるように、「学生の皆さんへ」と同じく一二〇〇字と字数に制限を設け、できるだけ簡潔に記すこととした。本書には、二〇一八年四月から二〇二一年三月までウェブサイトへ掲載した三六編のエッセイを、第一部「海洋瑣談」として収録した。

一九九五年、東北地方のブロック紙河北新報の「プリズム」欄に、八回にわたり海に関連するコラムを掲載した。これを第二部「海の話」として収めた。だいぶ前の文章になるが、東北地方の人たちに海のことを知ってもらおうと願って書いた文章で、現在でも内容は通用すると思い、本書に収録した。

二〇一七年一〇月から二〇一九年四月まで、私は二か月に一度、一五回にわたり、日本海事新聞のコラム「海洋時論」の執筆を担当した。その時々の話題を取り上げた解説コラムである。これを第三部「海洋時論」として収録した。

その他、いろいろなところから原稿を頼まれることがあったが、その中から四つの文章を第四部「東日本大震災と温暖化、そして海」として収録した。

本書をまとめるにあたり、東北大学出版会小林直之事務局長に有益なアドバイスを頂いた。記して感謝の意を表する。エッセイ「海洋瑣談」のウェブサイトへの掲載は、杉本周作さんの手を煩わせた。記して感謝の意を表する。

しばしの間、本書で楽しんでいただけたなら幸いである。

二〇二二年一一月二〇日
紅葉した山に囲まれた山形にて

花輪　公雄

目次

第一部　海洋瑣談

1　アースデイ講演会

毎年四月二二日は、国連が環境保護の観点から地球環境の現状を考えてみる日として制定した「国際母なるアースデイ」である。二〇〇九年の国連総会で議決された。一方、国連の一組織であるユネスコが決めた「アースデイ」もある。こちらは三月二一日であり、地球の平和を考える日として、一九六九年に提案された。この日、日本が国連に設置した「日本の平和の鐘」が鳴らされる。

さて、新仙台市天文台は、それまでの西公園から青葉区錦ケ丘に場所を変えて、二〇〇八年七月に開台した。天文台では翌年の「国際母なるアースデイ」の制定を受け、二〇一〇年から毎年四月二二日の前後にアースデイ講演会を開催している。私は開台当初から、「様々な知恵によって天文台をサポート」する「ブレーンサポーター」に任命されている。私の専門は海洋物理学で、特に海洋と気候の関係などを研究してきたことから、毎年のアースデイ講演会の講師を務めてきた。今年で八回目となる。毎年開かれていれば九回目のはずだが、二〇一一年は東日本大震災直後であったので講演会は中止されたのであった。

今年は、「黒潮大蛇行―一二年ぶりに起こった大蛇行とその影響―」と題して行った。昨年の九月ごろから黒潮は大蛇行流路を取り、海上交通、漁業、気象などにも大きな影響を与えるかもしれないと、メディアでも大きく取りあげられていたからである。講演は三部構成で、パート1は「黒潮の成り立ち」、パート2は「黒潮大蛇行とは」、パート3は「黒潮大蛇行の影響」である。パート1では、海洋の循環について、表層循環・深層循環・三次元循環の概略を紹介し、黒潮は亜熱帯循環の西岸境界流であることを説明した。風成循環論の説明だったが、うまく伝えられたのか自信がない。パート2では、大蛇行の定義と黒潮流路の分類、大蛇行の形成メカニズムについてのいくつかの説を紹介した。黒潮に小蛇行を形成する中規模渦の存在と、小蛇行の下流への伝搬過程における海底地形の役割が重要であるとする説が、最近は有力視されていることなどを述べた。パート3では、漁業、海上交通(運輸)、高潮、そして気象への影響について解説した。

ところで、当日は仙台市出身のフィギュアスケーター羽生結弦さんの凱旋パレードが行われた日でもあった。前回のオリンピックに続いての開催で、大変注目されたイベントである。事前に全国ニュースでパレードが行われることが紹介されていたし、当日朝はいい場所で見ようと席取りが始まっているとの報道もされていた。パレードの時間が講演会の時間とかぶっていたので、何人の方がこちらに参加されるのかとても心配だったのだが、定員五〇名に対し幸い四〇名の方の参加があり、ほっとした次第である。

（二〇一八年四月二〇日）

2　第三期海洋基本計画のパブコメ

隔週であるが月曜日の毎日新聞の紙面に「詩詩座流星群」なるコラムがある。四月三〇日には詩人最果タヒ（さいはて たひ）さんによる詩が掲載された。詩の題名は「塩分濃度」であった。二つの長い文からなる詩で、最初の文は、「涙が（生命を宿した）海になれる日が来るのかな」と疑問を投げかけるものであった。この詩の内容はともかく、一九八六年生まれのこの若い詩人にとって、「塩分濃度」は何ら違和感なく詩の題名に使える言葉であることを紙面は物語っていた。

さて、日本の国土面積は国単位では世界六一位だが、排他的経済水域（ＥＥＺ）は国土面積の一二倍の広さとなり、世界六位となる。これには、日本は南北にも東西にも長い弧状の列島を形成し、離れた島が点在していることが効いている。この世界有数の広さの海洋を管轄する日本は、海洋立国を目指し、海洋に関する諸施策を総合的かつ計画的に推進することを目的として、二〇〇七年に「海洋基本法」を制定した。そしてこの法律の下、五か年ごとに重点的に行う施策をまとめた「海洋基本計画」を策定してきた。二〇〇八年三月には第一期計画を、二〇一三年四月には第二期計画を策定し、そして今年は第三期計画を決める年にあたる。

第三期計画の原案は四月七日（土）に公開され、二〇日(金)までの二週間、パブリックコメント（パブコメ）の募集が行われた。第三期計画は三部構成で、「はじめに」に続き第一部では「海洋政策のあり方」が、第二部では「海洋に関する施策に関し、政府が総合的かつ計画的に講ずべき施策」として、九項目の重点施策が述べられている。第三部は「海洋に関する施策を総合的かつ計画的に推進するために必要な事項」である。私は科学技術・学術審議会海洋開発分科会の臨時委員だったので、昨年来第三期計画について議論の内容の報告があり、また、意見を述べる機会が設けられていた。

さて、原案に対するパブコメである。本質的でなく、どうでもいいと言えばどうでもいいことなので、だいぶ迷ったのだが、最終的に二つの意見を提出した。文中で使われている用語についての意見である。一つ目は、すでに上記海洋開発分科会でも発言したのだが、「海洋由来の災害」なる表現についてである。「由来」は、「そのようになった歴史的経緯」のことを指す言葉なので、「原因となる」や「起因とする」との意味はない。そこで、「海洋起因の災害」などの表現ではどうだろうかと提案した。二つ目は、本文は正しく「塩分」と使用されているのであるが、脚注に「塩分濃度」が二回出てくるのである。学術的には「塩分濃度」は誤用なので、単に「塩分」と修正するよう意見を出した。さて、最終的に私の意見はどのように扱われるのだろうか(注：「由来」は修正されなかったが、「塩分濃度」は「塩分」と修正された)。

（二〇一八年五月二〇日）

3　海洋プラスチックごみ問題

海洋へのプラスチックごみ（プラごみ）の流入が心配されている。二〇一六年世界経済フォーラム年次総会（通称ダボス会議）では、年間少なくとも八〇〇万トンのプラごみが海洋へと流れ込んでいると報告された。このままだと、二〇五〇年には魚の総重量よりもプラごみの方が多くなるという。このプラごみは流出した海域を離れて広い海域に拡散する。その汚染は日本沿岸も例外ではなく、外国の文字が印刷されたプラごみが多数漂着している。プラごみ問題でさらに厄介なのは、海洋を移動する中で、海水の表面の波や流れによって砕けたり（物理的破壊）、太陽からの紫外線によって砕けたり（化学的破壊）して、小さくなっていくことである。プラごみのうち大きさが五ミリメートル以下のものをマイクロプラスチック（ＭＰ）と呼ぶ。また、化粧品の一部にはマイクロビーズと呼ばれる微小な球状プラスチックが使用されており、さらには、私たちが着ている衣類からも洗濯などによって繊維が破片となり、これらも海に流入している。

これらのＭＰは、多くの魚や貝の体内に入っていることが既に確認されている。厄介なことに、ＭＰは化学物質との親和性が高いと言われ、実際、ＭＰの表面には有毒なポリ塩化ビフェニル（ＰＣＢ）などの有害化学物質が付着していることも報告されている。今までのところ、ＭＰの存在で魚や貝の生存を阻害しているとの報告はないが、大きな懸念材料となっている。

今月八日と九日にカナダで開催された主要七か国首脳会議（Ｇ７サミット）の「Ｇ７シャルルボワ首脳コミュニケ」にも、この問題が次のように謳われた。「我々は、『健全な海洋及び強靭な沿岸部コミュニティのためのシャルルボワ・ブループリント』を承認し、（略）海洋のプラスチック廃棄物や海洋ごみに対処する。プラスチックが経済及び日々の生活において重要な役割を果たす一方で、プラスチックの製造、使用、管理及び廃棄に関する現行のアプローチが、海洋環境、生活及び潜在的には人間の健康に重大な脅威をもたらすことを認識し、我々、カナダ、フランス、ドイツ、イタリア、英国及び欧州連合の首脳は、『海洋プラスチック憲章』を承認する」（外務省ウェブサイトより引用）。

最後の文章にあるように、残念ながら我が国はこのサミットで提案された「海洋プラスチック憲章」にアメリカとともに署名しなかった。産業界との調整がまだなされていないとの理由である。これに対し、後ろ向きの対応ではないかとの声が、内外の多数の個人や団体から上がっている。このプラごみ問題は、地球温暖化問題と同様、全世界の国々が一致して対応すべき問題であることは言を俟たず、我が国も世界をリードするくらいの姿勢で対応したいものである。

（二〇一八年六月二〇日）

4 日焼け止め剤の功罪

アメリカ・ハワイ州のデイビット・イゲ知事が、五月に議会で可決していたサンゴ礁に有害な影響を与える日焼け止め剤の販売を禁止する法案に署名した。このことは日本のメディアでも今月上旬に報じられた。「オキシベンゾン」と「オクチノキサート」の二つの化学成分を含む日焼け止め剤の、州内での販売を禁止する法案である。ただし、医師が処方した場合や、州外からの持ち込みは許されるという。この法律は、二〇二一年一月一日に発効する。

以下、I・ヴェスパー氏による「ネイチャー」誌二〇一七年二月三日号の記事からの情報である。記事は「Hawaii seeks to ban reef-unfriendly sunscreen（副題は省略）」と題するもので、日焼け止め剤がサンゴに影響を与えている研究を紹介している。アメリカのC・ダウンズの研究チームは、室内実験により二つの化学物質がサンゴの幼生の発育を阻害したり、ある種のサンゴには毒として作用したりすることを二〇一六年に報告した。二〇〇八年には別のチームが、オキシベンゾンはサンゴの白化の原因となりそうであることを室内実験と熱帯のいくつかの海域での現場観察から指摘している。また、別のチームは、オキシベンゾンはエビや貝などには内分秘攪乱化学物質(いわゆる環境ホルモン)として働くのではないかとの指摘をしていたという。

さて、多くの環境保護団体がこの法案を支持している一方で、この法案に反対する人たちもいるようである。日焼け止め剤を製造・販売している会社は当然のこととして、ハワイ医療協会も反対の立場であるという。日焼け止め剤が皮膚がんを予防する効果を持つという研究結果が数多くあるのだそうだ。それに比べて、日焼け止め剤のサンゴに対する影響の研究は少ないではないかとの主張である。

ところで、日本では日焼け止め剤についてどのような受け止め方なのだろう。私自身はデーゲームで行われた楽天イーグルスの野球観戦に行ったときに一度使用したくらいで、日常的には全く使用していない。検索エンジンで「日焼け止め剤」と「皮膚がん」を入れて検索したところ、なんと二六五万件もヒットした。見て驚いたのだが、「日焼け止め、その強力な毒性…皮膚がんの恐れ」や「市販日焼け止めに発ガン性リスクあり?」などと、日焼け止め剤こそが皮膚がんを起こすなどとの記事が多数ある。もちろん一方では、日焼けは皮膚がんの原因となるので日焼け止め剤を用いることを推奨している専門医の記事もあった。私自身は一度日焼けをすると長い間痕跡が残ってしまうので、できる限り日焼けは避けたい。日焼け止め剤を用いないとすれば、長袖のシャツに帽子、そしてサングラスと、化学物質に頼らず物理的に日焼けを阻止する方策が良さそうである。

(二〇一八年七月二〇日)

5 「カンテラ日誌」の廃棄処分、それはないでしょう

八月一〇日の毎日新聞に、科学環境部の荒木涼子記者による「富士山頂日誌を廃棄／68年間つづった40冊／専門家『一級の資料』」なる見出しの記事が掲載された。件の日誌は、一九三二年に開設された中央気象台臨時富士山頂測候所が一九三六年に山頂に移転された時に始まり、その後二〇〇四年まで代々の職員によって書き続けられてきたものである。この日誌が廃棄されたというのだ。荒木記者は、今年三月二四日に「富士山頂日誌不明／測候所で68年、台風も戦争も」の見出しの記事を書いていた。今回の記事は、これの続報である。

気象庁で長年観測に携わり、富士山測候所にも勤務した志崎大策氏の『富士山測候所物語』(成山堂、気象ブックス〇一二、二〇〇二)によると、高山での観測の重要性は古くから指摘され、中央気象台が公式に観測を始めるまで、富士山においても多くの試みが行われた。公式に測候所が設置され、観測が始まったのは一九三二年七月一日であった。「臨時富士山頂測候所」と名付けられ、場所は山頂よりも数十メートル低い「東安河原」であった。当初一年間の予定であったが、民間から資金提供の申し出があり継続されることになる。その後、東安河原は地下から噴気が出ることから、一九三六年八月からは山頂の「剣が峰」に移り、名前からも「臨時」が取れた(一九五〇年には「富士山測候所」と再改称)。

さて、この測候所では、開所当初より岡田武松中央気象台長の指示による「観測者心得」があった。「当番」「発電」と続き「雑則」まで、九項目についての指示である。最初の「当番」の項は、「観測要素のほか毎日日誌を記すべし。日誌は、その日の当番者これを記すべし(以下略)」であった。すなわち、日誌を書くことは、「業務命令に近いもの」であったのである。この日誌は「カンテラ日誌」と呼ばれた。カンテラとは、石油を用いた携帯ランプのことである。観測初日の日誌の文面は、「昭和七年七月一日朝六時、風は穏やかであるが前夜からの雪が降り続いている。視程は霧のため一〇〇メートル、気温はマイナス0・3℃、ロビンソン風速計の軸には南南西の

方向に一センチメートルの着氷」であった。

この日誌は二〇〇四年に測候所が廃止されて以来、東京管区気象台の管理下に置かれたが、保管場所の問題もあり、昨年一一月以降に溶解処分された。荒木記者の記事によると、「毎日の出来事や感想を個人的に書き留めたもの。職務ではなく、行政文書にあたらない」と東京管区気象台は説明したという。次の日の同紙「余禄」でもこの「処分事件」を取り上げ、「気象台も少しは先人に敬意を払ってはどうか」と結んだ。私もまったく同感である。それにしても、せめて電子画像化を誰も思いつかなかったのですかね。日誌を電子画像化すれば、保管場所の心配はなくなりますし、貴重な資料として長く残すことができたはずですが……。


（二〇一八年八月二〇日）

6　科研費申請書の書き方

この七月、理学研究科教育研究支援部を統括する事務部長のMさんと、評価分析・研究戦略室のURA（University Research Administrator）のTさんから、「平成30年度科学研究費研究計画調書作成助言者」への就任を依頼された。科研費の採択率を上げることを目的とした取り組みで、今年度から始めるという。私自身が科研費を最後に申請したのはかなり前のことで、最近の科研費を巡る状況にはまったく疎い。とはいえ、科研費を仕切る日本学術振興会の学術システム研究センター委員を務めたこともあり、何とかなるだろうと思い引き受けた。

その後、昨年度申請して不採択だった数件の申請書が送られてきた。どんな理由で採択に結びつかなかったのか、どうすれば採択される申請書になるのかの意見を聞きたいという。読んでみると、確かに欠点があるように思えた。どの申請書も、読んですぐには申請者の意図するところを捉えられないのである。テーマそれ自身の善し悪しはともかく、申請書の書き方のところで工夫の余地があるからである。それらを一般化すれば誰にでも役立つアドバイスになるのではないかと思い、申請書を書く前に読んでもらうようなメモを準備することとした。以下、その概要である。

なによりも審査員の立場に立った申請書を作成すること。審査員は同じ分野とは限っておらず、分野外の人も理解できるよう、業界用語の多用などは避ける。審査員は短時間で多数の申請書を読まなくてはならない。詳しく書けばいいとして、申請書を文字で埋め尽くしては逆効果。また、大事なところを下線で強調するのはいいが、やりすぎても逆効果。研究の背景、計画、波及効果のところは申請書の肝。審査員が読んで即座に理解できるよう、論理に気を付け項目立てて書くこと。背景にはレビューとともに課題を明瞭に指摘し、申請する研究で解決することを強調。計画には、いつまでに、最低限どこまでをやるのかを具体的に書く。波及効果は過大に書く必要はないが、ブレークスルーできる研究であり、効果が大きいことを述べる。経費は必要かつ最小限に。什器類には使えない、パソコン等の要求もできるだけ控える。成果発表旅費の過剰な計上も考えもの。

大学の運営費交付金はここ十数年減額され続けている。学内で教員へ措置される予算（講座運営費など）も減額され続け、大学によっては自由に使える予算は無きに等しい状態となった。このような状況なのでどの大学でも研究費を外部から調達することが要請されている。産業界との結びつきが強い分野ならいざ知らず、理学系は科研費に頼らざるを得ない。今やほとんどの研究者が申請する状態となり、以前よりも厳しい競争となっている。申請者は採択に向けて、最大限の努力をするのは当然である。

（二〇一八年九月二〇日）

7　本庶先生からのメッセージ

一〇月一日(月)の夕方、スウェーデンのカロリンスカ研究所は、今年のノーベル医学・生理学賞を京都大学特別教授の本庶佑先生に授与すると発表した。外科手術、放射線照射、抗がん剤投与に続く、「免疫療法」と呼ばれる四番目のがん治療法を確立した功績が認められたものである。先生は免疫の働きを抑制するたんぱく質を発見し、さらにがん細胞が出すこのたんぱく質の機能を抑える薬(製品名オプジーボ)を製薬会社とともに開発した。この薬は四人に一人の割合でがんを劇的に小さくする効き目があるという。人間が本来持っている免疫を活かすという新しい発想のこの方法は、今後治療の有力な柱になると期待されている。

日本人のノーベル賞受賞者は、本庶先生で二六人目。翌二日の新聞各紙は受賞記事で賑わった。先生の生い立ちや学生時代のこと、家庭での様子や趣味まで、研究以外のことも詳しく報じている。先生は多くのお弟子さんを育てたようで、彼らに向けたメッセージも紹介された。また、記者会見では我が国における研究の在り方や、未来を託す子供たちへのメッセージも披露した。

毎日新聞は一日夜に行われた共同記者会見の後に単独取材を行い、本庶先生の座右の銘は「有志竟成(ゆうしきょうせい)」であることを知り、二日の朝刊でこれを紹介した。この言葉は紀元一世紀に後漢の初代皇帝となった光武帝の言葉であると「後漢書」に記されているという。「志有る者は事(こと)竟(つい)に成る」と読み、「強い志を持てば、目的は必ず達成できる」という意味である。同じ日の読売新聞電子版では、数え年で喜寿になる今年一月の誕生日に開いたパーティで、先生自身がこの言葉を揮毫した色紙を参加者に配ったと報じた。

本庶先生は、優れた研究者には六つの「C」が必要だと説いてきたという。六つのCとは、「challenge(挑戦)」、「confidence(自信)」、「courage(勇気)」、「concentration(集中)」、「curiosity(好奇心)」、「continuation(継続)」のことである。これらは研究者であれば、誰でも納得できる姿勢である。その他にも印象に残る数多くの言葉が先生から発信された。「ダイヤモンドの原石を拾って、光らせる仕事をしなさい。輝く前の石ころを見つけることに、研究の醍醐味がある」。「科学は多数決ではない。既存の概念を壊す少数派の中からこそ新しい成果が生まれる」。「実験というのは失敗が当たり前で、一回一回のことでめげていたらだめ。物事に不可能はない」。そして小中学生に対しては、「重要なのは知りたい、不思議だと思う心を大切にすること。教科書に書いてあることを信じない。あきらめない。そういう小中学生が研究の道を志してほしい」とエールを送る。どれもが若者に向けた素晴らしいメッセージである。

（二〇一八年一〇月二〇日）

8　IPCCレポート
―1・5℃の地球温暖化―

韓国の仁川で開催された気候変動に関する政府間パネル（IPCC）第四八次総会最終日の一〇月六日に、通称「1・5℃特別報告書」が承認された。本報告書の正式名称は、「1・5℃の地球温暖化：気候変動の脅威への世界的な対応の強化、持続可能な開発及び貧困撲滅への努力の文脈における、工業化以前の水準から1・5℃の地球温暖化による影響及び関連する地球全体での温室効果ガス排出経路に関するIPCC特別報告書」という長いものである。本報告書は、気候変動枠組条約締約国会議（COP）などで議論されている温室効果ガス（GHG）の削減案よりもさらに前倒しで削減することにより、産業革命以前の気温から1・5℃以内の上昇に抑えれば、これまでの目標である2℃よりもはるかに環境に対し負の影響を少なくすることができるとして、その達成を訴えたものである。

二〇一五年一二月にパリで開催されたCOP21で

採択された通称「パリ協定」では、2℃以内に抑えることを目標としたが、島嶼国から強い要望があり、1・5℃を努力目標とすることが盛り込まれた。同時にCOP21では、IPCCに対し1・5℃の地球温暖化の影響と実現のためのGHG排出経路に関する報告書を、二〇一八年までにまとめることも要請していた。IPCCは二〇一六年四月にこれを受諾し、世界四〇か国から九一名の研究者の参加を得てまとめたのが本報告書である。参加者は、「A　1・5℃の地球温暖化の理解」「B　予測される気候変動、潜在的な影響及び関連するリスク」「C　1・5℃の地球温暖化に整合する排出経路とシステムの移行」「D　持続可能な開発と貧困撲滅への努力の文脈における世界的な対応の強化」の四グループに分かれて見解をまとめた。

以下、主な見解である。産業革命以前より既に1℃の気温上昇がある。現在までのGHG排出量では1・5℃の上昇には達しない。1・5℃と2℃の上昇では影響に大きく明瞭な差がでる。水位は1・5℃が2℃よりも一〇センチメートル低い上昇で済む（A）、生態系が受ける影響は軽減される。海洋酸性度の上昇も海水の酸素濃度の低下も抑えられる。食糧の安全保障などのリスクは、1・5℃でも現在よりは上昇するが2℃ではさらに上昇する（B）、1・5℃に抑えるには二〇三〇年までに二〇一〇年より45％減とし、二〇五〇年前後には正味ゼロにし、二酸化炭素除去技術で数百ギガトン減少させる必要がある(C)。国際協力は、開発途上国および脆弱な地域のための、重大な成功要因である（D）。

IPCCのウェブサイトで、今回承認された「政策決定者向け要約(Summary for Policymaker：SPM」や、報告書全文を読むことができる。また、環境省のウェブサイトでは、日本語のSPM概要（仮訳、六ページ）を読むことができる。

（二〇一八年一一月二〇日）

9 エルニーニョ発生

気象庁は、一一月九日に「エルニーニョ現象が発生したとみられる」と、「今後春にかけてエルニーニョ現象が続く可能性が高い（70％）」とする「エルニーニョ監視速報」（No.314）を公表した。さらに今月一〇日には、「エルニーニョ現象が続いているとみられる」と、「今後春にかけてエルニーニョ現象が続く可能性が高い（80％）」と発表した（No.315）。一方、アメリカ海洋大気庁（ＮＯＡＡ）の国立気象サービス気候予測センターも一一月八日（現地時間）に、「この秋から冬にかけてエルニーニョは80％の確率で発生し、来年の春も55〜60％の確率で継続するだろう」との見通しを発表した。太平洋赤道域には「エルニーニョ監視網」と呼ばれる種々の手法によるモニタリングシステムが構築されており、データは世界中の気象・海洋機関や研究者にリアルタイムに公表されているので、エルニーニョの発生や終息に関する見解が大きく異なることはない。

さて、気象庁の速報で「発生した」と断言していないのは、その定義のせいである。気象庁のエルニーニョの定義は、監視域（緯度南北五度、西経九〇度から一五〇度）の海面水温の基準値からの偏差の五か月移動平均値（ＮＩＮＯ３指数と呼ぶ）が、０・５℃高い状態が連続して六か月以上続いたときである。この定義に厳密に従うと、エルニーニョが実際に発生してからしばらく経たないと「発生した」と断言できないことになる。そこで、偏差が一か月でも０・５℃を超せば、他の要素の時間変動や数値モデルの予想も踏まえて、その時点で「発生したとみられる」との表現で公表している。

これまでの統計的な研究から、春以外に発生するエルニーニョは、春に発生するエルニーニョに比べて、規模が小さいことが知られている。前回の二〇一四年夏から二〇一六年春のエルニーニョは「スーパーエルニーニョ」と表現されたが、五か月移動平均を取る前のＮＩＮＯ３指数は、二〇一五年春以前に０・５℃を二回下回っている。意見の分かれるところであるが、二〇一五年春に発生したエルニーニョであると理解したほうがいいと私は思っている。すなわち、春発生型エルニーニョとみなせば、これまでの知見と整合的である。ともあれ、今回のエルニーニョは、今後大きく発達することにはならないのではなかろうか。

日本の冬の天候は、エルニーニョに対する大気の応答に大きくかかっている。エルニーニョ時の日本の冬は高い確率で暖冬となるが、大気応答はエルニーニョごとに異なり、複雑である。大気テレコネクションパターンも、WP（西太平洋）、PNA（太平洋—北米）、TNH（熱帯—北半球）の三つが関連しているが、どのようなときにどのパターンが励起されるのかはまだわかっておらず、今後の重要な研究課題である。

（二〇一八年一二月二〇日）

10　二〇一八年の日本の天候と地球温暖化

気象庁は一月四日に「2018年（平成30年）の日本の天候」を発表した。冬は全国的に気温が低く、北陸地方を中心に大雪になった。中でも西日本は平年差マイナス1・2℃となり、過去三二年間でもっとも低かった。春から夏にかけては、西・東日本とも記録的な高温となり、特に東日本では、春（プラス2・0℃）、夏（プラス1・7℃）、さらに年平均値（プラス1・1℃）も、一九四六年の統計開始以来最も高い気温であった。夏の猛暑はすさまじく、埼玉県熊谷市では七月二三日に41・1℃の史上一位の気温を記録するなど、全国的に猛暑となった。七月上旬に梅雨前線が本州付近に停滞したため、西日本を中心に記録的大雨となり、広範囲にわたり土砂崩れや河川の氾濫を招き、多数の死者を出すなど、各地に甚大な被害をもたらした（「平成30年7月豪雨」と命名された）。

台風活動も活発で、九月に入ると台風二一号や二四号が強い勢力を保ったまま西日本を縦断し、各地に大きな被害をもたらした。一二月二一日に発表した「2018年（平成30年）の台風について（速報）」によると、八月には九つの台風が発生し（過去三位）、また最大風速が毎秒五四メートル以上となる「猛烈な台風」まで発達した台風は七つもあり、台風の最大風速のデータがある一九七七年以降、最多記録とのことである。

世界気象機関（WMO）も、毎年世界の天候のまとめを公表しているが、一一月二九日発表の一〇月末までの資料を用いた「仮まとめ」によると、二〇一八年は観測史上四番目の高い気温となるとの推定である。ちなみに、史上最高気温は二〇一五年であり、以下、二〇一六年、二〇一七年、二〇一八年と続く。今年は一八五〇年から一九〇〇年の平均気温に比べ0・98（誤差0・12）℃高い。また、二〇一七年の二酸化炭素濃度は405・5（誤差0・1）ppmであり、過去最高であった。

さて、昨年の春や夏の高温、頻発する豪雨、発達する台風など、極端な気象現象が頻繁に起こっているように見える。これら極端現象と地球温暖化との因果関係の指摘は困難であったが、最近それらの関係が議論されるようになってきた。温暖化した状態と温暖化していない状態とで多数のシミュレーションを行い、極端現象の発生確率を比較する方法（「イベント・アトリビューション」と呼ばれる）が開発されたのである。一二月二八日付の日本経済新聞は、この夏の高温は温暖化が進んでいなければ今年七月の気温は2℃低く、記録的猛暑となる確率はゼロ％だった、と報じた。このような結果を踏まえると、改めて温暖化抑止対策は待ったなしであると言えよう。

（二〇一九年一月二〇日）

11　極端で影響の大きい気象で二〇一九年が始まる

世界気象機関（WMO）のウェブサイトに、二月一日、「2019 starts with extreme, high-impact weather」と題する記事が掲載された。南北両半球で、年明け早々記録を塗り替えるような極端現象が起こっているという報告である。北アメリカでは極渦からの寒気の流出で大寒波に見舞われた。ミネソタ州南部では一月三〇日に、それまでの記録マイナス48・9℃を大きく下回るマイナス53・9℃の体感気温を記録した。カナダのオタワでは一月二九日に97センチメートルの過去最高の積雪となった。ヨーロッパ・アルプスでも記録的積雪となり、オーストリア・チロルでは一月の前半で451センチメートルに達し、一〇〇年に一度の極端現象とみなされた。一方アラスカや北極域は、平年よりも高い気温で推移した。

南半球オーストラリアのタウンズビルでは一月だけで一年分の降水があり、洪水により数百名もの住民が避難する騒ぎとなった。オーストラリア南部にもこれまでにない規模と継続期間で熱波が襲った。一月二四日にはアデレードで48・8℃になるなど、各地で最高気温の記録が更新された。タスマニアでは、一月二八日に四四か所で火災が起こり、四万ヘクタール以上が焼失した。さらに南米各地にも熱波が襲い、チリ・サンチャゴでは一月二八日に38・3℃の最高気温となったのをはじめ、多くの地点で最高気温を塗り替えた。

この記事は、WMO事務局長のP・ターラス氏による北米への大寒波襲来に関するコメントを掲載している。「東部の寒波は、（温暖化という）気候変化を否定するものでは決してない。全球レベルでは、温暖化の結果、最低気温の記録更新は次第に少なくなっているが、極寒の気温や降雪は、北半球冬季の典型的な気象パターンの一つとして今後も起こるであろう。私たちは、短期の日々の気象と長期の気候とを区別する必要がある。」「北極域は全球平均の二倍の温暖化に直面し、雪や氷はかなりの部分が融解した。これらの変化が、極以外の気象にも影響している。低緯度の低温の要因の一部は極域の劇的な変化と関係あるだろう。極域で起こっていることは、低緯度の気象や気候に影響を与えているのである。」

ターラス氏も指摘しているように、北極域では現在海氷面積が急速に減少している。とりわけ夏季の面積、すなわち一年での最小面積の減少が著しく、近年は一九八〇年代の半分にまでなっている。太陽光をほとんど反射する氷で覆われていた場所が、太陽光のほとんどを吸収する海面になるという大きなアルベド(反射率)の変化が、どのような影響を大気に与えるのかは、まだ十分には分かっていない。この問題は気象・気候・海洋研究者が抱える最も喫緊で重要な課題の一つであることは間違いない。

(二〇一九年二月二〇日)

12　相次いで巨星墜つ

二月一二日、日本海洋学会のメーリングリストで、海洋物理学者のW・H・ムンク博士が二月八日に一〇一歳で亡くなられたことを知った。そして二〇日の毎日新聞で、地球化学者のW・ブロッカー博士が一八日に八七歳で亡くなられたことを知った。海洋学の巨星二人が亡くなられたことに呆然となった。

アメリカの大学の広報はたいへんしっかりしている。ムンク博士は八日付で、ブロッカー博士は一九日付で、追悼記事が大学のウェブサイトに掲載された(末尾にそのURLを記す)。どちらもサイエンスライターの署名入りの記事である。ムンク博士の記事は、「世界的名声を誇る海洋学者、尊敬を集めた科学者—科学の一分野を定め、自然の理解を一変させた伝説のスクリプスの海洋学者—」の題で、プリンターで印刷すれば六ページにも及ぶ長文のものであった。ブロッカー博士の記事も、「気候変化の預言者—大気と海洋の世界的探検家、1931-2019」という題で、四枚の写真と一枚の図を含む九ページにも及ぶものであった。一枚の図とは、有名な「ブロッカーのコンベヤーベルト」である。どちらの記事も読み応えがあり、多くの情報をこれらの記事から得ることができた。

ムンク博士はほぼ一〇年ごとに研究テーマを変えて、それぞれで卓抜した業績を残してきた。ニューヨークタイムズもムンク博士の死亡記事を九日に掲載しているが、これに関する記述があった。ムンク博士は生前こんなことを言っていたという。「道楽半分に研究をしてきた。大した学者ではない。私は読むのが嫌いでね。出版物が何も無く、結局自分自身で理解しないといけない分野で仕事をしたいんだ」と。ムンク博士とは、一九九〇年にスクリプス海洋研究所で挨拶する機会があった。ブロッカー博士とは、一九八四年にイタリアのヴェネツィアで二〇名ほどが参加した表層水塊に関するワークショップでご一緒したことがある。

両博士のように、次々と研究テーマを変え幅広い領域で超一流の仕事を行うような研究者は、海洋学が成熟し専門化が進んでいることを考えると、もう現れないのではないだろうか。お二人の海洋学への偉大な貢献に改めて敬意を表したい。

【参考】

1．ムンク博士に対するカルフォルニア大学サンディエゴ校の追悼記事
https://ucsdnews.ucsd.edu/pressrelease/obituary_notice_walter_munk_world_renowned_oceanographer_revered_scientist

2．ブロッカー博士に対するコロンビア大学の追悼記事
https://blogs.ei.columbia.edu/2019/02/19/wallace-broecker-early-prophet-of-climate-change/

（二〇一九年三月二〇日）

13　二〇一九年科学サミット20共同声明

今年三月六日に日本学術会議で開催された二〇一九年科学サミット（Sience20＝Ｓ20）において、共同声明「海洋生態系への脅威と海洋環境保全―特に気候変動及びプラスチックごみについて―」（原文は英文）が採択された。この声明はその日のうちに安倍晋三首相に、続いて八日には原田義昭環境大臣に手交された。

Ｓ20とは、我が国で言えば日本学術会議のような科学アカデミーの代表からなる会合で、Ｇ20サミットに参加する二〇か国によって構成される。二〇一七年のドイツＧ20から活動をはじめ、今回で三回目となる。Ｓ20の目的は、Ｇ20サミットに対し、共同声明の形で科学に基づく勧告を行うことである。ドイツＳ20では「世界の健康を改善する：伝染症及び非伝染性疾患と戦うための戦略と手段」が、二〇一八年のアルゼンチンＳ20では「食糧・栄養に関する安全保障―土壌改良と生産性の向上―」がテーマとなった。

三月六日のＳ20では、日本からは植松光夫東京大学名誉教授が基調講演者として、パネルディスカッションでは海洋研究開発機構の白山義久氏がモデレーターとして、磯辺篤彦九州大学教授、（公財）地球環境戦略研究機関の堀田康彦プログラムディレクターらがパネラーとして参加した。今回の共同声明では、地球温暖化は海面上昇や海洋酸性化、海洋貧酸素化をもたらし、海洋生態系にとって脅威となっていると指摘し、さらにプラスチックごみの集積は新たに出現した課題であると述べた。その上で、社会への影響を最小限に抑えるため、科学の果たす役割は重要だとし、以下の六項目にわたる提言を行った。（1）海洋資源の開発には専門家による科学的根拠に基づく助言の必要性、（2）海洋生態系へのストレスを軽減する行動の増強、（3）科学的根拠に基づく目標設定とフォローアップ、都市や地域レベルでの循環経済・社会の実現、（4）調査・研究基盤の能力強化と人材育成、（5）オープンアクセス可能なデータ保管と管理システムの確立、（6）国際協力の下での調査・研究活動と情報の共有。

一人の海洋研究者としては、今回の共同声明は時宜を得たものとして大歓迎である。海洋環境の保全が主テーマになるまでには、多くの関係者の陰の努力があったに違いない。関係者に感謝と敬意を表したい。海洋プラスチックごみ問題は、二〇一五年のドイツG７サミットや、昨年のカナダG７サミットでも取り上げられた。昨年のサミットでは「海洋プラスチック憲章」が議論されたが、我が国とアメリカが承認せず、この問題に対する両国の後ろ向きの姿勢が露呈した。今回のS20の共同声明も踏まえて、大阪G20サミットでは、海洋プラスチックごみ問題に対し、我が国が主導して大きく進んだ対応策を打ち出してほしいと願うものである。

（二〇一九年四月二〇日）

14 海洋情報把握技術開発プログラム

昨年策定された第三期海洋基本計画では、海洋状況の迅速で的確な把握（海洋状況把握：Maritime Domain Awareness：MDA）の強化が謳われた。「海洋状況」は幅広い意味を持つが、海洋の物理・化学・生物学的な状況もその中に含まれる。文部科学省はこれを受けて、二〇〇八年度より走らせてきた「海洋資源利用促進技術開発プログラム」の中のサブプログラムとして、「海洋情報把握技術開発」枠を設けた。これは二〇一八年度よりスタートする五か年計画となる。目的は、海洋情報把握に活用されうる自動計測機器や自動分析機器を開発すること、そして研究段階にとどめず、最終的に実海域において実用化されることである。さらに、民間企業への技術移転などの成果の普及を図ることも射程に入れている。

このプログラムでは以下の三領域で公募が行われた。すなわち、（１）海洋酸性化・地球温暖化、（２）生物多様性、（３）マイクロプラスチック、のそれぞれに関わる情報取得のための技術開発である。応募されたものの中から、厳正な審査を経て、（1）BGC-Argo搭載自動連続炭酸系計測システムの開発（研究代表者：東京大学・茅根創教授）、（2）海洋生物遺伝子情報の自動取得に向けた基盤技術の開発と実用化（東京大学・濱崎恒二教授）、（3）ハイパースペクトルカメラによるマイクロプラスチック自動分析手法の開発（海洋研究開発機構・藤倉克則分野長）の三課題が選定された。

いずれも野心的な計画であり、実用化の暁には海洋環境の把握が格段に進むと期待される。例えば、海洋生物遺伝子情報の自動取得は、生物から自然に剥がれ落ちる遺伝子（ゲノム）情報を分析することにより、その海域にどのような生物が存在しているかを評価するもので、最先端の環境モニター手法の一つである。現在は採水した海水を実験室に運んで分析を行っているが、これを現場でかつ無人で行うことを狙っている。また、マイクロプラスチックに関しては、プランクトンネットで採集できない三〇〇マイクロメーター以下のものも対象に、その個数や大きさを計測する。そして赤外域で連続分光することでポリスチレンやポリプロピレンなど、何種類もあるプラスチックの種別まで明らかにしようとするものである。

私は文部科学省からこのプログラムのプログラムディレクター（PD）への就任を依頼された。依頼書には、「海洋調査・研究の在り方に関する情報収集、プログラムや資金配分に関する助言、各課題における研究開発の進捗管理等の業務に従事いただきたい」とあった。任期は一年で、毎年更新することになる。私の役目を端的に言えば、三課題が当初の目的を達するよういろいろとお世話することである。ぜひともこのプログラムを成功させたいと決意している。

（二〇一九年五月二〇日）

15 プラスチックごみ問題

東京農工大学の高田秀重先生は、我が国でいち早く海洋のマイクロプラスチック(MP)を研究されてきた方である。この高田先生が講演で使われた資料をインターネットで見ることができる。例えば「マイクロプラスチックって何だ?」(URLは文末【参考】の1)や「マイクロプラスチック汚染の現状、対策、国際動向」(2)など。その中で「マイクロプラスチックは21世紀の環境問題」であり、海洋プラごみ汚染を、気候変動、海洋酸性化、生物多様性と並んで重要な地球規模環境問題であると述べている。なお、先生は二〇〇一年から六年間、日本海洋学会海洋環境問題研究会の会長を務められた。

最近、MPは海洋だけでなく大気中にも漂っており、広範囲に拡散されていると報じられた。フランスや英国の研究者たちが、大都市から遠く離れたピレネー山脈における数か月にわたる観測から、一平方メートルに一日当たり平均三六五個のMPが降っていると報告したのである(Nature Geoscience、二〇一九年四月一五日号)。採取されたMPは、直径が一〇~五〇マイクロメートルで、破片、繊維、シート状の薄い膜などが見られたという。この個数は、大都市パリで報告されている測定値と同程度とのことである。

空気中には多くの繊維状MPが漂っているとのことだが、その原因は衣類などに使用される化学合成繊維の破片である。衣類にはポリエステル繊維が多く使われているが、丈夫で、吸湿性が低く乾きやすく、しわや型崩れがしないこと、カビが発生しにくく虫にも喰われることがないことなど多くの長所があるという。しかし、洗濯時には多くの繊維がちぎれて排出されることになる。これらの繊維は小さすぎて下水処理場では除去されずに海へと流出する。

さて、私たちはこのプラごみ問題にどう対処すればいいのだろうか。使用の中止が一番であるが、現実には直ちにはできないことである。そこで、日常生活ではできるだけ使用を抑える努力が求められる。例えば、マイバックを持参し、レジ袋を利用しないなど。そうそう、コンビニをあまり使うことがない私だが、最近はコンビニにもマイバックを持参して、レジ袋をもらわないようにしている。そして衣類であるが、できるだけ綿百%のものなど、自然素材のものを購入することにしている。もっともこのような個人の努力では問題の解決にはとうてい覚束ない。行政的なトップダウンの施策も同時に求められている。

【参考】
1．https://web.tuat.ac.jp/~gaia/item/マイクロプラスチックって何だ.pdf
2．https://www.env.go.jp/content/900529375.pdf

（二〇一九年六月二〇日）

16　深海魚と地震

このところ暖水系の魚が日本近海に出現したとの報道や、深海魚が現れたとの報道が多い。普段なかなか目にしない深海魚が姿を現すことに関し、日本では古くから地震の前兆との言い伝えがあった。最近、東海大学と静岡県立大学の研究グループが多くの資料を精査し、深海魚出現と大地震の発生は無関係との論文を公表したことが報じられた（二〇一八年六月一八日付アメリカ地震学会誌／DOI：10.1785/0120190014）。

研究グループは一九二八年一一月から二〇一一年三月までの新聞記事を調べ、リュウグウノツカイやサケガシラなど八種類の深海魚に着目し、計三三六件の出現報告と地震との関係を精査した。発見日から三〇日後までの間で、発見された場所から半径一〇〇キロメートル以内に震源を持つマグニチュード（M）6以上の地震の有無を調べた。その結果、条件を満たす地震は、二〇〇七年七月一六日の「新潟県中越沖地震(M6・8)」の一件であったという。研究グループはこの結果をもとに、両者は無関係との結論を出した。これを報道した新聞記事に、東海大学海洋研究所の織原義明博士は、「言い伝えが事実であれば防災に有益だと考えたが、そうではなかった。信じられていた地方もあるが、地震予知に役立つとは言えない」とコメントしている(朝日新聞、六月二七日付)。

日本では古くから、地底深くに生息している大きなナマズが暴れると地震が起こり、川などにいるナマズも地震が起こるときには異常行動をとると信じられてきた。ナマズが地震を起こすとは荒唐無稽であるが、地震とナマズの行動の関係は、多くの研究者の興味を引いてきたようだ。この一人に畑井新喜司先生(1876-1963)がおられる。畑井先生は東北帝国大学理科大学の生物学科の創設に尽力された、一九二三年創設時の初代教授陣の一人である。翌年には青森県に附属浅虫臨界実験所(現生命科学研究科附属海洋生物教育研究センター)を開設し、初代所長となった。畑井先生はこの実験所でナマズを飼育し、地震との関係を調査した。その結果を一九三二年に帝国学士院紀要に発表している。実験を行った七か月間で発生した一七九回の地震のうち、約八割に当たる一四九件でナマズの異常行動が見られたというのである。

地震発生前に動物の行動に異常が見られるとの報告は今でも多い。しかし、それらを精査すると、例えば動物の健康状態など、そう断定するには考慮すべき諸条件に不明なことが多い。したがって、動物の異常行動が地震の前兆現象かどうかは、まだ断定できる状態にはないのだという。今後、両者の関係を結びつける研究の推進が望まれる。それは、まさに畑井先生の口癖である「それは君　大変おもしろい　ひとつやってみたまえ」である。

(二〇一九年七月二〇日)

17　南極オゾンホールが縮小傾向へ

八月初め、気象庁が一九九八年より毎年発行している「気候変動監視レポート」の二〇一八年版（レポート２０１８と略記）が手元に届いた。冊子の冒頭には、Ⅰ．「平成30年7月豪雨」及び二〇一八年夏の記録的高温、Ⅱ．南極オゾンホールの回復傾向、Ⅲ．東経１３７度に沿った海洋の長期解析値の提供を開始、の三つのトピックスが取り上げられていた。Ⅱの題名の「回復」という言葉に戸惑うが、南極上空に毎年形成されるオゾンホールが、大きさを次第に縮小しつつあるとの話題である。

春から初夏にかけての南極上空の成層圏下部に、オゾン濃度が周辺よりも極端に少ない穴のような領域（オゾンホール）が形成されることは、一九八二年一〇月の我が国の南極地域観測事業隊忠鉢繁隊員（当時気象研究所・研究員、現千葉科学大学・教授）の観測で突き止められ、一九八四年の国際シンポジウムで報告された。査読論文としてはイギリス南極観測事業隊のＪ・Ｃ・ファーマンらの一九八五年のネイチャー論文が最初であるので、オゾンホールの発見はファーマンらとされることが一般的である。その後人工衛星の観測資料などを用いた解析が進み、二〇〇〇年代にかけてオゾンホールは急激にその面積を拡大していることが指摘された。同時にオゾン層破壊のメカニズムの研究が進み、クロロフルオロカーボン（フロン）ガス類が原因となっていることが明らかとなった。これを受け、「オゾン層の保護のためのウィーン条約」（一九八五年）や、「オゾン層を破壊する物質に関するモントリオール議定書」（一九八七年）が、矢継ぎ早に制定され、フロンガス類使用の規制が行われてきた。

実際、大気中のフロンガス濃度は現在減少傾向にある。レポート２０１８には、三種類のフロンガス濃度の経年変化が示されている。ＣＦＣ11とＣＦＣ１１３は一九八二年ごろをピークに、ＣＦＣ12は二〇〇〇年ごろをピークに、緩やかであるが減少している。呼応してオゾンホールの最大面積も、二〇〇〇年ごろをピークに、年々変化を伴いながらも縮小傾向となっている。昨年一一月のエクアドル・キトでのモントリオール議定書第三〇回締約国会合における評価でも、オゾンホール面積は縮小傾向であるとの総括評価がなされた。

人為的気候変化である地球温暖化が現在進行中であり、食い止めようにもなす術を持たないような状況にあるが、このオゾンホールの縮小という話題は、私たちを大いに勇気づけるものである。論理的に考えられるように、フロンガスという破壊物質を抑制すれば、オゾン層がきちんと回復するという帰結を得るのだから。地球温暖化でも、このような姿を早く見たいものだ。

（二〇一九年八月二〇日）

18　丸木舟による黒潮横断

国立科学博物館が進める「3万年前の航海　徹底再現プロジェクト」（代表：海部陽介人類史研究グループ長）のもとで、この七月、丸木舟で台湾から黒潮を横切って与那国島への渡航に成功したことが報道された（文末の【参考】1と2を参照）。

海部氏らは、ホモ・サピエンス（現生人類）がアフリカから世界各地へと進出する中で、日本列島（当時は北海道を除き海で囲まれていた）にどのようなルートで渡来したのかを探った。そして、発掘された遺跡の情報や、発見された人骨の遺伝学的（DNA）情報から、日本には三つのルートで進出したとの仮説を得た。対馬ルート（およそ三万八〇〇〇年前）、沖縄ルート（三万五〇〇〇年前）、そして北海道ルート（二万五〇〇〇年前）である。この時代は氷期であり現在よりも一三〇メートルほど海水位が低かったが、対馬ルートも沖縄ルートも海を渡る必要があった。とりわけ沖縄ルートは、中国と陸続きの台湾から最短の与那国島まで二〇〇キロメートルもあり、その間には黒潮が流れている。当時どのような手段でここを渡ったのかを実証するのがこのプロジェクトの目的である。

当時の材料（草、竹、木の三つの可能性）と当時の工具（刃部磨製石斧：じんぶませいせきふ）を用いて、船（それぞれ草束船、竹筏船、丸木舟）を作り、実際に黒潮横断が可能かどうかを調べたのである。二〇一六年に草束船を用いて、二〇一七年と翌年には竹筏船を用いてチャレンジしたが、どちらもスピードが上がらず失敗した。そして今回の丸木舟によるチャレンジである。七月七日、台湾の烏石鼻（うしび）を、男子四名、女子一名の漕ぎ手が乗って出発した。そして四五時間かけて無事与那国島へ到着したのである。

このプロジェクトの研究資金は二〇一六年にクラウドファンディングで集められた。国立科学博物館は以後、プロジェクトの進捗状況を随時ウェブサイトで公開した。プロジェクトには、三万年前の黒潮を再現する海洋研究者も含め、多くの人たちが協力している。バイタリティ溢れる著者のリーダーシップがいかんなく発揮されたプロジェクトである。なお、陽介氏の父君宣男氏（元国立天文台・台長）はこの四月に亡くなられた。陽介氏は、この丸木舟による黒潮横断の快挙の報を父君に聞かせてあげたかったのではと推察する。今年二月に出版された文庫本の扉には、「父、宣男へ」との言葉が掲げられている。

【参考】

1. 海部陽介、二〇一九：日本人はどこから来たのか？ 文春文庫、二五五ページ。
2. （独）国立科学博物館、二〇一九：丸木舟での「台湾→与那国島」実験航海に成功しました。プレスリリース。二〇一九年七月一二日。

（二〇一九年九月二〇日）

19　ネッシーは巨大ウナギ？
―環境ＤＮＡからのアプローチ―

先月七日のテレビや新聞で、最新技術である環境ＤＮＡ解析により、イギリス・スコットランドのネス湖には首長竜のような巨大な生物はいないと研究者が発表したことを報じた。ネス湖はイギリス最大の淡水湖で、古より巨大な水棲動物が目撃されたとして有名な湖である。最初の目撃談は西暦五六五年まで遡るという。一九三三年に湖に通じる道路が整備されると、「目撃した」「写真を撮った」との話が多くなり、この生物は「ネス湖の怪獣（Loch Ness Monster）」、愛称はネッシー（Nessie）と呼ばれるようになった。しかし、撮影された写真のほとんどが捏造されたものと後に明らかになり、また、巨大生物が生存するための食糧の量の観点（この湖の生物量は極めて少ない）や、代々子孫を残すためには数十頭の集団でなければならない（そうであるならばもっと目撃されているはず）などの点で、その存在は疑問視されてきた。それでも、多くの人たちは、完全な否定がなされていないこともあり、ネッシーの存在を期待する向きもあった。

さて、今回の調査であるが、ニュージーランド・オタゴ大学のＮ・ゲメル博士を中心とする六か国のチームが、湖の約二五〇か所の地点から湖水を採水し、環境ＤＮＡを分析した。その結果、約三〇〇〇種の生物のＤＮＡが観察されたものの、首長竜に相当するＤＮＡは発見されなかったという。存在が確認された生物の中では「うなぎ」が圧倒的に多く、ゲメル博士は、ネッシーは巨大化したウナギではないかと話しているのだそうだ。

環境ＤＮＡ（ｅＤＮＡとも表記）とは、生物個体そのものでなく、排泄物や粘液、体から剥がれ落ちた皮膚などに含まれるＤＮＡのことである。水や堆積物に含まれる環境ＤＮＡを調べることで、その環境内の生物の有無を知ることができる。場合によってはその生物量（数）まで推定指摘できるという。生物種の同定は、その生物に特徴的な塩基配列の有無を判断するので、参照するデータベースの充実が鍵となる。この環境ＤＮＡ技術は、二〇〇八年に初めてフランスの研究者により開発された。以後、ＤＮＡ

分析装置であるシークエンサーの飛躍的向上もあり、簡便な生態系監視技術として、我が国も含めて世界中で盛んに研究されているのだという。実際、日本では二〇一八年に「環境DNA学会」が設立されている。

昨年度から始まった文部科学省の「海洋情報把握技術開発プログラム」の一つの課題が、海水の環境DNAを現場で自動的に解析する技術の開発である（代表者は東京大学・大気海洋研の濱崎教授）。現在は採水サンプルを実験室まで運んで分析しているが、現場で、人の介在なしに解析ができれば、効率の良い生態系監視が可能となる。ハードルは高いが、何とか期限内に開発してほしいと願っている。

（二〇一九年一〇月二〇日）

20　成功の秘訣は「柔軟性と執着心」

表題は今年ノーベル化学賞を受賞された旭化成フェローの吉野彰さんが記者会見時に述べたものである。記者から研究者にとっての必要な姿勢を問われ、「頭の柔らかさと、その真逆の執着心。しつこく最後まであきらめないこと」と答えた（一〇月一〇日、朝日新聞）。続けて「剛と柔のバランスをどうとるか。大きな壁にぶちあたったときも、『なんとかなるわ』という柔らかさが必要」と述べている。

吉野さんが表現した「柔」の重要さについては、一九八七年にノーベル生理学・医学賞受賞された利根川進先生や、ノーベル化学賞を二〇一〇年に受賞された根岸英一先生も真っ先に取り上げている。根岸先生は、吉野さんが「柔」と表現したものを「永遠の楽観主義」と表現されていた。

自分のことを振り返っても、課題を設定した後、研究が順調に進むことなどは稀なことであり、相当の時間を堂々巡りのような状態で過ごす経験をしてきた。これが一番苦しい時であるが、それでもある時、何かのきっかけでアイデアが閃いて、ぐんと進むような時があった。そしてまた、ぐずぐずしている時を過ごすという、このような繰り返しでゴールへとたどり着いたのではなかろうか。この「何かのきっかけで、アイデアが閃く」とは、理詰めで思考実験をしても必ずしも障害(壁)を乗り越えられるとは限らず、そんな中で別のルートの解決策が突然見つかるようなことである。吉野さんはこのような時が必ず訪れるので、「なんとかなるわ」という心の持ちようが大切であることを述べたのではなかろうか。

では、「突然」解決策を見つけるためにはどうすればよいのであろう。私自身は、問題をいつも考えていることなのだろうと思っている。堂々巡りになるとしても、あれやこれやと、しつこく、しつこく頭の中で思考実験を繰り返すことである。これが事前準備になって制御は不可能であるが、いつか閃きに結びつくのであろう。数学者のアンリ・ポアンカレ(1854-1912)は、著書『科学と方法』(一九〇八:吉田洋一訳、岩波文庫、二〇〇〇年)の中で、そのような出来事が何度も起こったことを記している。「どこかへ散歩に出かけるために乗合馬車に乗った。その階段に足を触れた瞬間、(略)突然わたしがフックス関数を定義するのに用いた変換は非ユークリッド幾何学の変換とまったく同じであるという考えが浮かんできた」などと。ポアンカレはこれらの体験を分析し、「突然天啓の下った如くに考えのひらけてくること」は、「これに先立った長い間無意識に活動していたことを歴々と示すもの」であるとまとめた。私もこの分析にまったく同意する。たとえ壁にぶつかろうが、問題を考えに考えていれば、いつか突破口は必ず見つかるものであると信じたい。

(二〇一九年一一月二〇日)

21　東京港でヒアリ定着か？

強い毒性を持つ「ヒアリ」が日本で初めて見つかったのは二〇一七年五月二六日のことである。兵庫県尼崎市の輸入コンテナの中から、数百匹のヒアリが見つかった。その後神戸港、大阪港、名古屋港などで続けざまに生存が確認された。同年七月には、関係省庁の担当者が集まり、早期発見と防除に向けた取り組みを省庁横断で推進することを決めた。それがこの一〇月一〇日に、国立環境研究所が「(ヒアリが)東京港青海ふ頭で定着した可能性が極めて高い」との見解を公表したのである。この発見は、初確認以来四五事例目であった。

公表後も詳しい調査が続けられ、一〇月二一日には続報が公表された。これによると、今回の青海ふ頭の事例では、総計で働きアリ七五〇個体、有翅女王アリ五六個体、有翅雄アリ二個体、幼虫一〇個体が見つかった。これらは既に殺虫駆除されたが、専門家からは、「繁殖可能な女王アリが飛び立ち他の場所に広がった可能性が高いこと」、「速やかに徹底した周辺調査と防除を行わなければ定着が危惧されること」の二点が指摘された。報道によると、続報が公表された二一日に首相官邸で関係閣僚会議が開催され、「これまでと次元の異なる事態。政府一丸となって定着阻止に取り組む」ことを決めたという(毎日新聞、一〇月二二日)。

日本ではヒアリは「特定外来生物」に指定されている。特定外来生物とは、「外来生物であって、生態系、人の生命・身体、農林水産業へ被害を及ぼすもの、または及ぼすおそれがあるもの」である。ヒアリはアルカロイド系の毒を持つため、刺されると非常に激しい痛みが出るという。このため、ヒアリの漢字名は「火蟻」となった。人によってはこの毒に対してアレルギー反応を起こすこともあり、アメリカだけで年間一万一五〇〇件近くも起こっていると報告されている(環境省ウェブサイトより)。そのため日本では、「本邦への侵入を警戒する重要性が高い」とされている生物である。

ヒアリはもともと南米が原産地であるが、人やモノの移動とともに、生息地が世界中へと広がった。一九三〇年代には北米に侵入し生息地となった。二〇〇〇年代に入ると中国・台湾・オーストラリアに侵入し、これらの地域にも生息するようになった。一方、ニュージーランドでも二〇〇一年に侵入が確認されたが、二年余りをかけて徹底した駆除を行い、二〇〇三年には定着阻止を宣言した。日本に住む人の生命を守り、陸上や海洋の生態系を保全するためには、ニュージーランドにならって定着阻止に向けての徹底した駆除を行う必要がある。そのためには、空港や港などでの早期発見と迅速な駆除という水際作戦が最重要であるが、そのような防御体制が日本でとれているのか、ちょっと心配である。

（二〇一九年一二月二〇日）

22　西之島でゴキブリが大繁殖

一月一一日㈯朝のＮＨＫニュースで、小笠原諸島の西之島で、ワモンゴキブリと呼ばれる大型のゴキブリが数百匹いる可能性があることが、九月に行われた第二次上陸調査でわかったとの報道がなされた。このゴキブリは、成虫になると体長が四センチメートルにもなる大型の種で、原産地はアフリカであるが現在は熱帯・亜熱帯の広い範囲に分布しているという。日本では、沖縄から九州南部、小笠原諸島にかけて生息していたが、近年は北海道などでも観察されている。ワモンゴキブリのワモンとは、胸部にリング状の斑紋(輪紋)があることによる。このゴキブリは、島の他の昆虫よりも大きく、生態系への影響が心配されるため、駆除も含めて今後どうするのか、環境省で検討することになったという。なお、ワモンゴキブリは、二〇一三年に西之島の火山活動が活発化する以前に既に確認されており、漁船などから入り込んだのではないかと考えられている。

西之島は、二〇一三年の火山活動の前は東西六五〇メートル、南北二〇〇メートルの小さな島だった。それが、同年から翌年にかけての活発な噴火活動や、その後の噴火活動により、東西・南北とも二キロメートル弱の、面積が一〇倍強の大きな島となった。これを受けて東京都は、昨年九月、地方自治法に基づき、西之島は面積二・八九平方キロメートルである旨の「新たな土地の発生の確認」の告示を出した。島を観察している海上保安庁が昨年一二月一六日にプレス発表した資料によると、現在も噴火活動は活発であり、新たな火口を含む三つの火口から溶岩が流出し、その先端は西北西と東の方の海に達しているとのことである。

ワモンゴキブリの大繁殖が明らかとなった今回の西之島上陸調査は、二〇一六年一〇月の第一次調査に次ぐ二回目の調査である。外部から人為的に生物を島に持っていくのはご法度との前提で、上陸は極めて慎重に行われる。実際、今回の調査概要を記した環境省のウェブサイトによると、持参するものや着衣は新品を原則とし、新品でないものはアルコール洗浄をすること、運び込む機材はクリーンルームで準備すること、西之島上陸時には荷物および人間に付着した外来種の持ち込みを防ぐため、一度、荷物ごと全身を海に入ってから上陸する「ウェットランディング」を行うこと、などが示されている。

さて環境省は、ワモンゴキブリの生命力が卓越していると思われるので、他の生態系への影響を排除するため、駆除という選択肢も今後検討するという。しかしながら、今回の噴火活動の前に西之島に棲みついていたことを考えると、逆に駆除に伴う生態系へのかく乱も心配されるので、そのまま観察したほうがいいのではないかと私は思うのだが、今後どのような結論が出るのであろうか。

（二〇二〇年一月二〇日）

23　気候科学への信頼度

先月二四日の毎日新聞に、「気象科学信頼　日本25%／スイス・研究所調査　世界平均50%超」(／は見出しの区切り)なる記事が掲載された。同紙科学環境部の大場あい記者による報告である。スイスのシンクタンクである世界経済フォーラム(WEF)が、気候科学への信頼度について世界三〇か国で調査した。その結果、科学者の発言や研究成果について、「非常に(a great deal)信頼」と「かなり(a lot)信頼」を合わせた割合は、日本は25%であったという。この数字は米国の45%を下回っており、三〇か国の平均である57%も下回った。

この日本の数値は私にはとても信じられないものなので、どういう調査なのだろうとWEFのウェブサイトで探してみた。しかし、どうしてもその報告が探せないので、大場記者に資料が掲載されているURLを教えてくれるようメールで頼んでみた。大場記者とは昨年春に毎日新聞社を訪問したおりに挨拶を交わしていた。大場記者からはすぐにURLの情報とともに、「サンプリングバイアスや質問票の日本語訳に問題があった可能性もあるかと思いまして、世界経済フォーラムに問い合わせをしております。(略)他の質問も含めて、非常に興味深い調査でありますので、さらに詳しいデータが入手出来次第、詳報できればと考えております」との返事をもらった。

教えられたURLを覗いてみた。今年のWEF年次総会は、スイスのダボスで一月二一日から二四日まで開催された。上記の報告はその初日に発表されている。世界三〇か国一万五〇〇〇人へのアンケート調査で、日本人は三一六人が回答した、なお、回答者がどのように選抜されたのかは不明である。ほとんどの調査結果は人口が同程度になるように分けられた九つの地域で示されていたが、記事で取り上げられた気候科学への信頼度は国別に示されていた。それによると、「非常に」と「かなり」信頼の合計は、最も高い国はインドで86%、以下、バングラデシュ78%、パキスタン70%、中国68%と続く。一方、最も低い国はロシアで23%、続いて日本、ウクライナ33%、アメリカと続く。

さて、日本人は誰かと会ったときや手紙などでは、まず時候の挨拶から始めるように、天気や天候への関心が極めて高い。また、テレビやラジオでは、毎日何度も天気予報番組が組まれ、主なニュースの最後の部分では、気象予報士の資格を持つキャスターが天気や天候、そして気候について解説している。私自身は日本人の「気象リテラシー」は高く、また様々な機会を通して地球温暖化などの情報に接しているので、気候科学への信頼度も高いと思っていた。今回の調査結果は、その期待を全く裏切るものである。さて、大場記者はＷＥＦに調査の詳細を問い合わせているという。続報に期待したい。

（二〇二〇年二月二〇日）

24　サクラの開花予想

東京管区気象台は三月一四日㈯、東京でのサクラ（気象庁は「さくら」とひらがな表記であるが、本稿ではカタカナで表記）の開花を宣言した。千代田区にある靖国神社境内の標準木（開花日を決めるために毎年観察する木）に五輪から六輪の花が咲いているのが観察されたのである。これは、一九八一年から二〇一〇年までの平均値で定義される平年（二六日）よりも一二日早く、これまで最も早かった二〇一三年や二〇〇二年（一六日）よりも、さらに二日も早い開花日であった。この記録的な早さには今年の暖冬が影響しているのであろう。実際、気象庁の発表によれば、今冬の気温は、平年よりも東日本で２・２℃、西日本で２・０℃高く、一九四六／四七年の統計開始以来もっとも高い記録を更新した。

さて、サクラの花見は、日本人にとって春を実感する大きな楽しみである。住む地域を選ばず、ほとんどの人が花見を楽しんでいるのではなかろうか。

そのようなことが背景にあるのであろう、二月に入ると民間気象会社はサクラの開花予想を公表することになる。この予想はその後の気温の推移もあるので、何日かおきに更新される。二月二七日現在の四社（ウェザーニュース、ウェザーマップ、日本気象（株）、日本気象協会）の東京の開花予想日は、一五日か一六日というものであった。いずれの社も過去最速の開花を予想していた。実際には一四日であったので、各社の予想日よりもさらに早かったことになる。ともあれ、二週間以上も前に一～二日の誤差で予想しているので、精度はとても高いと言えるのではなかろうか。

以前は気象庁も開花予想をしていたのだが、民間会社が予想をし始めたこともあり、二〇一〇年より行っていない（二〇〇九年一二月二五日報道発表）。それまで気象庁は、「さくらの予想開花日は、過去の開花日と気温のデータから予想式を作成」し、これに「前年秋からの気温経過と気温予報をあてはめて求めて」いた。用いる気温には、週間・一か月・三か月予報などを用いていたとのことである。民間会社も各社それぞれ独自の工夫をしていると思われるが、基本的には気象庁と同じく、毎日の気温を積算するような方式で予想しているものと思われる。

前述のように日本人にとってサクラの花見は春の行事としてなくてはならないものになっている。しかしながら、今年は新型コロナウイルスの感染者が蔓延している状況のため、東京都はサクラの名所である上野公園で宴席を設けることを禁止した。とても残念であるが、上野公園に限らず、全国のサクラの名所で同じような措置が取られるであろう。

ところで仙台での開花予想日である。二月二七日での各社の予想開花日は、早い社で三月二六日、遅い社で三月三一日であった。さて、どうなりますやら（注：実際の開花日は二八日であった）。

（二〇二〇年三月二〇日）

25. 前例のない出来事

新型コロナウイルス感染症（COVID-19）との戦いが正念場を迎えている。米国ジョンズ・ホプキンス大学のまとめによると、日本時間四月一九日夜現在、感染者は世界で二三三万人を超え、死者も一六万人に及ぶという。日本（クルーズ船を含む）の感染者は一万一五〇六人で、死者は二四八人である。この数字、今後どこまで大きくなるのだろう。このような状況の中で政府は、今月七日に七都府県に対して「緊急事態宣言」を出していたが、一六日にこれを全国に拡大した。ゴールデンウィーク最終日の五月六日までの措置である。感染の度合いは地域によって異なるが、今月末からの長い連休で人の移動が激しくなり、結果として感染が全国に広がるのを懸念してとのことである。

このところYou Tubeを使って海外のニュース番組を見ている。英国やカナダ、ドイツ、米国のニュースなどである。パンデミック問題は毎日どのニュース番組でもトップ項目である。ニュースの中では、「unprecedented」という言葉がよく登場する。日本語では「前例のない」、あるいは「前代未聞の」と訳すことができよう。世界の誰もが、今まで経験したことのない事態の中で過ごしているのである。多くの国や自治体のリーダーたちは、「これはまさしくウイルスとの戦争である」と表現し、国民や住民への協力を呼び掛けている。この戦争の勝利とは、一国の問題ではなく、世界のすべての国々で感染症問題が収束（終息）することであり、このためには世界中の国々の協力が不可欠であることは言うまでもない。

さて、この冬（昨年一二月からこの二月まで）は、まさに前例のないほど、暖かく、雪の少ない天候となった。実際、東日本と西日本の冬の平均気温は、平年差でそれぞれ東日本で２・２℃、西日本で２・０℃高く、これまでで最も暖かい冬となった。気象庁は一四日、この冬の天候は「異常気象」であったと発表した。この原因は、偏西風の蛇行や北極振動による影響の他に、地球温暖化に伴う全球的な気温の上昇が続いていることなどが背景としてあると分析している。

私にとってもこの冬は前例のない経験であった。これまでの正月すべてを山形の地で過ごしてきたが、今年は、高い山こそ雪化粧しているが、道路はもちろん周辺の畑にも全く雪がなかったのである。実家のある天童や山形は、山形県内でも雪は少ない地域とはいえ、全くないのは初めての経験であった。温暖化が進行する中で、今後もこのようなことが頻繁に起こるのであろうか。COVID-19 パンデミックに対すると同様、温暖化問題にも世界中の国々の協力が不可欠である。気象、天候、気候の中で、前例のない状況が生まれることは決して望ましいことではない。

（二〇二〇年四月二〇日）

26　今年の「国際母なるアースデイ」

毎年四月二二日は国連が定めた「国際母なるアースデイ (International Mother Earth Day)」である。一九七〇年、米国ウィスコンシン州選出の上院議員G・ネルソンが、同日に地球環境問題についての討論集会を呼びかけたことをきっかけに、この日を「アースデイ」とする運動が始まった。この運動はその後、日本も含めて次第に世界各国に広がり、これを背景に、国連は二〇〇九年の総会で同日を地球環境について考える「国際母なるアースデイ」とすることが採択され、翌年から実施に移された。

当日の米国のニュース番組を見ていると、新型コロナウイルス感染症に関する項目の中に、アースデイにちなみ、生産活動の制限や人や物の移動抑制により、大気質(air quality)が大きく改善されているとの報告があった。あるニュースでは、中国武漢市の空の様子を映しだし、都市封鎖前はスモッグで見通しが悪く空は灰色であったものが、現在は澄み切った青空となっていることを、画面を二分割して見せていた。また別のニュースでは、人工衛星による一酸化二窒素の濃度の今年に入ってからの時間変化を見せていたものもあった。中国上空でもヨーロッパ上空でも、大都市周辺での濃度激減は一目瞭然であった。これに対する研究者のコメントとして、今年のその時期までの中国の二酸化炭素排出量は昨年に比べ約二億トン、率にして25%も減少していることを紹介していた。もっともキャスターは、継続して二酸化炭素排出量が減るのは温暖化対策として好ましいが、今後中国が生産活動を再開すれば、逆に昨年以上の排出量になってしまうのではとコメントしていた。

ところで日本では、少なくとも私が見ている限りではあるが、当日も翌日も、テレビや新聞で国際母なるアースデイに関する報道はなかった。米国とのこの違いは、報道に携わる人たちの意識の問題だろうか、それとも日本人全体の意識の問題が根底にあるのであろうか。米国と同様に、新型コロナウイルス感染症問題との関係でもよかったのだが、ぜひ取り上げて欲しかった。

今月に入り、感染症の流行が落ち着くにつれ、どの国でも経済活動を復活させようとの動きが本格化し始めている。これまで多くの人が経済的に困難な状況に置かれたので、まずは生産と消費の活動を活発化する施策である。その中では地球環境問題は二の次に置かれた状況である。実際、「新しい日常」ではテイクアウトのお弁当など、使い捨てプラスチック容器が多用されそうだ。しかし、テレワークなどをはじめとするエネルギー消費を抑える施策の導入などで、地球環境問題と両立する新しい日常を確立する絶好のチャンスではなかろうか。

（二〇二〇年五月二〇日）

27　3、4月の親潮面積が過去最少

6月8日(月)の毎日新聞宮城版に、「親潮の面積過去最小／3、4月太平洋沖　三陸沖不良に影響」との記事が掲載された。仙台管区気象台の観測で、三月と四月の親潮面積(一〇〇メートルの深さ5℃以下の領域の面積)が四・七万平方キロメートルと、平均値一三・四万平方キロメートルの35％に過ぎず、一九八二年の統計開始以来、史上最小の面積となったことがわかったとのことである。これまでの最小面積は二〇一六年で七・八万平方キロメートルであったので、今年、一挙に記録を更新したことになる。新聞記事ではこの他、親潮は毎年一月ごろから南下し、三月から四月に宮城沖まで達して面積が最大になること、今年は「暖水渦」が三陸沖に滞留し親潮が流入しにくくなっていること、この渦の滞留の原因は分かっていないこと、なども述べられていた。さらに、コウナゴ漁が不振で、二〇一一年の震災の年を除き、水揚げが初めてゼロになったことも述べられていた。記事の前の方での記載であるが、「気象台は『親潮の変化が三陸沖など北日本の不良に大きな影響を与えている』としている」とも紹介している。

毎日新聞の記事の多くは署名記事であり、最後に括弧書きで記者の名前が記載される。この記事には署名が無かったので調べてみると、元は共同通信社が六月六日(土)に配信した「親潮の面積が過去最小三陸沖の不漁に影響」と題する記事であり、既に多くの新聞社がこの記事を掲載したこともわかった。

さて、仙台管区気象台のウェブサイトには、五月二八日(金)に報道発表したPDF資料が掲載されていた。資料には親潮面積の順位表、面積の推移(ここ三年間)の図、親潮の南下状況を示す一〇〇メートル深水温分布図などが示されていた。ただし、漁との関係では、親潮に関する一般的な説明である「(親潮は)豊富な栄養塩を含み、豊かな漁場を育むことから、その消長は北日本の水産業に大きな影響を与えます」としか述べられてない。記事では一般の人が興味を持つようにと、今年のコウナゴ漁の不良などと結びつけたのかもしれない。記者会見時の

質疑の中で、気象台の方が「関係はあるかもしれない」などと述べたのであろう。

私は面積最小の原因として、三陸沖に滞留する暖水渦の存在とともに、この冬の偏西風の状態が大きく効いているのだろうと推測する。私は、一九九〇年から七年間行われた農林水産省のプロジェクト「農林水産生態系を利用した地球環境変動要因の制御技術の開発」に参加し、親潮南下と冬季偏西風との関係を調べた。その結果、亜寒帯循環系の西岸境界流である親潮の南下の程度は、亜寒帯循環系を駆動する偏西風の強弱と良い対応関係にあることを見出した（Hanawa, 1995：北海道区水産研究所報告）。今回もこのような観点から解析しても面白いかもしれない。

（二〇二〇年六月二〇日）

28　中学校理科の中の海洋

一〇年ごとに改訂される小・中学校の新しい学習指導要領は二〇一七年三月に告示され、二〇二一年四月から施行される。既に新指導要領に準拠した教科書が編まれ、小学校は今年度から、中学校は来年度から使われる。現在、各市町村の教育委員会は中学校で使用する新しい教科書の選定作業を進めている。

さて、小学校や中学校の理科の中での海洋の取り扱いである。海洋はこれまで独立した単元とはなっていなかった。そのため、初等中等教育に海洋の単元を設けることは、日本海洋学会の懸案事項となっていった。今回の指導要領改訂に向け、学会の教育問題研究会が中心となって議論を進め、「小学校理科第四学年単元『海のやくわり』新設の提案」と題する提案書を二〇一六年三月にまとめた。学会はこれに賛同する海洋関連の学協会三〇団体との連名で、同年四月四日に中央教育審議会・会長と文部科学省初等中等教育局・局長に提出した。しかし、残念ながら今回の小・中学校の新指導要領には採用されなかった。

中学校理科の新指導要領では「海洋」の言葉が二か所に現れる。「第2分野」、「2内容」、「(4)気象とその変化」、「(ウ)日本の気象」、「(半角のイ)大気の動きと海洋の影響」の項目である。この項目は次のように説明されている。「気象衛星画像や調査記録などから、日本の気象を日本付近の大気の動きや海洋の影響に関連付けて理解すること」。

新指導要領に準拠した中学校理科の教科書は、5つの会社から提案され、単元「(4)気象とその変化」は、2年生の教科書に取り上げられた。単元名は指導要領のそのものの「気象とその変化」や、「天気とその変化」、「気象のしくみと天気の変化」、「地球の大気と天気の変化」とした教科書もある。内容や分量は各社まちまちであるが、すべての教科書で季節風と海陸風が起こる仕組みの中で海洋を取り上げていた。また、日本海側の冬の豪雪の要因として日本海の存在を指摘した教科書や、エルニーニョや地球温暖化を取り上げている教科書もあった。しかし、どの教科書も、海洋は脇へ追いやられているという印象は否めない。

海辺に住んでいる人は別であろうが、ほとんどの人にとって、日常の中で海を実感することは稀であろう。海に起因する災害も、陸上で起こる災害に比べはるかに少ない。このようなことが、海が取り上げられない要因なのであろう。しかしながら、地球温暖化問題では海洋が重要な役割を担っている。また、国連の「持続可能な開発目標（SDGs）」の達成や、そのための「持続可能な開発のための教育(ESD)」の中で、海の重要性が叫ばれている。初等中等教育の中で海を取り上げる重要性を、今後も地道に主張していかなければならないだろう。

（二〇二〇年七月二〇日）

29　新しい中学校教科書と国連「持続可能な開発目標」

来年度から中学校で使用する教科書は、二〇一七年三月に告示された新学習指導要領に従って編集されたものである。最近、これらの新しい教科書を手に取る機会を得たが、多くの教科書で国連「持続可能な開発目標（Sustainable Development Goals：ＳＤＧｓ）」が取り上げられていることがわかった。

二〇〇八年制定・〇九年改訂の旧指導要領では、「持続可能な社会を形成する」などの文言は使用されていたが、二〇一五年九月の国連総会でＳＤＧｓが決議されたのを受けて、今回の新指導要領に反映されたものである。新指導要領では社会科の公民的分野で取り上げることが明記された。公民では、「Ａ　私たちと現代社会」「Ｂ　私たちと経済」「Ｃ　私たちと政治」「Ｄ　私たちと国際社会の諸課題」の四分野を扱う。この中のＤの項目で、「世界平和の実現と人類の福祉の増大のためには、国際協調の観点から、（略）国際連合をはじめとする国際機構などの役割が大切であることを理解すること」とされた（六〇ページ）。そして、「内容の取扱い」では、『国際連合をはじめとする国際機構などの役割』では、国際連合における持続可能な開発のための取り組みについても触れること」とされた（六二ページ）。

今回、六つの教科書会社で公民の教科書が制作されたが、全ての社がＳＤＧｓを取り上げた。しかし、取り上げ方はまちまちで、一七の目標の日本語訳を表にしただけの教科書もあれば、本文にロゴを掲載しその内容の解説に加え、表表紙や裏表紙の裏の見開きのページに、ＳＤＧｓと関連する多くの写真を掲載し、「未来の社会をどう作り出そうか」と問いかけた教科書もあった。驚いたのは公民以外の教科でもＳＤＧｓが取り上げられていることである。教科名で挙げれば、国語（4社中1社：1／4と表記）、地理（4／4）、地図（1／2）、歴史（3／7）、理科（1／5）、保健体育（1／4）、技術（1／3）、家庭（3／3）、英語（1／7）、道徳（1／6）である。なお、書写（4）、数学（7）、音楽（2）、美術（3）には取り上げられなかった。

ＳＤＧｓが国連で採択された直後から、日本では

ＳＤＧｓの紹介や取り組みの重要性についてのキャンペーンが行われた。しかし、最近メディアでＳＤＧｓに触れる機会が少なくなってきたことはとても残念なことである。ＳＤＧｓは、何かをすれば一挙に解決するような課題ではないので、世界中の人々と連携した地道な継続した取り組みが求められている。このような立場から、今回の中学生へのＳＤＧｓを題材にした教育は大いに歓迎したい。そして、一人ひとりが自分の問題として何らかの日常的なアクションに結び付けてくれることを期待したい。私たち海洋研究者は、Ｎｏ・14の「海の豊かさを守ろう」に向けた国連「海洋科学の10年」をしっかり行うことが求められている。

（二〇二〇年八月二〇日）

30　教えることは本来双方向的なこと

昨年五月六日に亡くなられた加藤典洋さんが、「助けられて考えること」と題するエッセイを、亡くなられる三か月前の二月二日の信濃毎日新聞に寄稿していたことを知った。光村図書出版が毎年発行している『ベスト・エッセイ２０２０』に収められている。加藤さんは明治学院大学国際学部と早稲田大学国際教養学部で教鞭をとられたが、一般には文芸評論家として知られている。

このエッセイは、「大学をやめてから四年がたつが、自分がだいぶ教える相手に助けられてきたことに気づきはじめている」という文章で始まる。加藤さんは、教室でも教えられることが多かったとし、サリンジャーの「ライ麦畑でつかまえて（The Catcher in the Rye）」にまつわる、忘れられないエピソードを紹介する。主人公は家出をした後、様々な経験をして家に戻る。一〇歳くらいの妹は、兄を世の中に不満だらけだと非難するも、兄は唯一なりたい将来の職業は「守り役」がいいと話す。その後兄は再び家出をしようとするが、妹は同行すると言ってきかない。困り果てて妹を公園に連れて行き、メリーゴーランドに乗せる。すると激しい雨が降ってくる。ずぶぬれになりながらも、兄は遠くからこの妹をじっと「見守る」。すると兄の心には幸福感が湧いてくる。この小説はここで終わる。この小説に対し、「一人の学生が、この最初の『守り役』のキャッチ（catch）と最後の『見守る』のウォッチ（watch）は、一字違うだけで、この小説の中で対応しているのではないか、と言った」のだそうだ。

　加藤さんはこの指摘に刺激されて、「子供とのつながりを『キャッチ』するのから、『ウォッチ』するものへと変えていく。そのような主人公の成長の物語が同時にここに描かれている、と見ることが可能である」とする。そして、「そこで成長するのは、兄のほう、守ろうとするほうだ。同じことが教えるということ、考えるということについてもいえるのではないか」と続ける。そしてエッセイの最後を、「（筆者補足：教えることに限らず）考えるということについても同じだ。一番よいのは、人に助けられて考えること、というのが今の私の結論である」と結ぶ。

　私も確かに「教える」ことは一方的なものではなく、双方向的なものであると実感する。講義をやっていても、毎年のように思いもかけない観点からの質問や指摘があり、こちらも学ぶことが多い。また、加藤さんが指摘する「辛抱強く、『手出しせず』に『見守る』うちに、教える側も、何かを学ぶ」もその通りだと納得する。ところで、加藤さんの「人に助けられて考えたこと」とは、いったい何だったのだろうか、ぜひ、聞いてみたかった。なお、加藤典洋さんは高校の五学年上の先輩である。合掌。

（二〇二〇年九月二〇日）

31　連携研究と共同研究

先月、新学術領域研究「変わりゆく気候系における中緯度大気海洋相互作用hotspot」（ニックネームは「Hotspot2」、代表者・野中正見博士（海洋研究開発機構））の今年度第一回領域全体会議が、三日間にわたりオンラインで開催された。私は「総括班評価者」の立場で、三日間とも参加した。

総括班や計画班の研究の進捗状況の報告とともに、参加している分担研究者や協力研究者、公募研究者、博士研究員や大学院生の研究の一端も知ることができた。この新学術領域研究には、気象学と海洋物理学を基礎分野として、大気海洋相互作用に興味を持つ人たちが多数参加している。今回発表された研究も大変幅が広く、奥も深く、研究者の層の厚さを実感した。今でこそ気象と海洋物理学の研究者が共同して活動することは当たり前のことであるが、今から三〇～四〇年前の一九八〇年代は、この分野の研究はまさにフロンティア領域であった。当時鳥羽良明先生が担任の私たちの研究室は、他大学に先駆けていち早くこの領域に足を踏み入れたグループであった。当時を経験した私にとって、今回の会議の状況はそれこそ当時とは「隔世の感がある」であった。

さて、総括班評価者としてコメントを求められたので、発表を聞いて気になったいくつかの点について話題提供した。その一つが「連携研究」である。計画班のリーダーから多くの連携研究の可能性が報告されたが、気になる点があった。異なる班に属するメンバーが共同研究することが連携研究である、と単純に捉えているように思えたからである。本来は、異なる手法でアプローチをする人たちが一緒になって研究し、その結果として単独の手法では到達しえなかった新しい知見を得るような研究こそが連携研究ではないかとの問題提起である。

新学術領域研究は、科学研究費補助金の基盤（A）クラスの計画班が複数集まって構成されている。基盤（A）クラスの班が、単独ではなく束になって同時進行するところに新学術領域研究の意味がある。すなわち、それぞれの班の研究が進展するにつれて、班を跨いだ研究テーマや、各班の視点が融合された新しい視点が生まれてくることを期待しているのである。このような立場から、中間評価や事後評価では、連携研究の進展が評価の重要なポイントとなる。

もちろん、新学術領域の中で「共同研究」も大いに進められるべきであることは言を俟たない。様々な発想をする人達が集まることで新たな発想が生まれ、研究にも深みが出てくる。共同研究は自然発生的なものであり、誰の制御下にも置かれるべきでなく、大いに奨励されるべきである。ただ、この研究は「連携研究」であると主張するには、それなりのポイントがあることを念頭に置きましょう、と言いたかったのである。

（二〇二〇年一〇月二〇日）

32　さすがブラタモリ

毎週土曜日の夜に放送されるＮＨＫのテレビ番組「ブラタモリ」は、私のお気に入りの番組である。放送時間帯で見ることが多いが、それができないときは録画して見ている。「地学おたく」を自認しているタモリさんだけあって、地形や地質、岩石に対する観察眼は鋭い。さて、一一月七日放送のブラタモリは、北海道のサロマ湖を取り上げた。テーマは「〃サロマ湖といえばホタテ〃なのはなぜ？」である。サロマ湖周辺で水揚げされるホタテは、全国の生産量の八割を占めるという。サロマ湖とその沖合の海域が、ホタテ養殖に適した環境になった地形的・歴史的理由を探索するのがこの番組の目的であった。番組には、地元のゲストお二人が登場した。一人はサロマ湖養殖漁業協同組合研究指導部長のＳさん、もう一人はＮＰＯ法人オホーツク自然・文化ネットワーク理事のＭさんである。

さて、なぜそうなったのかは番組を見ていただくことにして、私は番組の中で「塩分」は出てきても「塩分濃度」が一度も使われなかったことに感心した。「塩分」は、ホタテは海水に棲む貝であり、サロマ湖は汽水湖（海水と淡水が混じりあった水の湖）であるとする場面で登場した。研究船で湖に出て、塩分を計測する場面である。「塩分」と表現したのはSさんで、続いてナレーションを担当している元SMAPの草彅剛さんが、その背景を説明する中で使った。Sさんの発言に一回、草彅さんのナレーションでは何と五回も「塩分」が使われた。サロマ湖には小さな河川しか注ぎ込んでいないこと、オホーツク海と水が出入りできる水路が東西に二か所あることから、サロマ湖の塩分は33・8から33・9となっている。

次に登場したのは、サロマ湖とオホーツク海を隔てる砂州を観察している場面である。今度はMさんが案内役となり、ホタテは海水性の貝であるから塩分が重要とする場面で一回登場した。以上、この番組では塩分が発言で七回、テロップで三回登場したが、「塩分濃度」は一回も登場しなかった。

これまで何度も書いているように、「塩分」の分は割合や比率という意味である。塩分の他にも、糖分やアルコール分などと使われる。分は「成分の分」との理解で、「塩という成分の濃度」だから「塩分濃度」なのだと使われているようだ。分に濃度を付けた使用例は糖分にもあり、「糖分濃度」もかなりの頻度で出現している。しかし、幸いなことに「アルコール分濃度」はまだ使用されていない。

番組を見て、「塩分」と正しく使われていることを知り、さすがブラタモリと感心した次第である。これはきっと、SさんやMさんがきちんと塩分という用語の使用を指導したからであろう。ところで、番組終了後、「単に『塩分』というのはけしからん、正しく『塩分濃度』を使いなさい」などと、NHKに投書などはなかったでしょうね。

（二〇二一年一一月二〇日）

33 「日本の気候変動２０２０」の公表

今月四日（金）の夕方、文部科学省と気象庁のクレジットで、「日本の気候変動２０２０―大気と陸・海洋に関する観測・予測評価報告書―」（以下、「報告書」と略記）が気象庁のウェブサイトで公表された。報告書は、観測された気候変動の実態を記載するとともに、パリ協定の2℃目標が達成された場合と、現時点を超える追加緩和策を取らなかった場合の、二つのケースの将来予測を対比させてとりまとめたものである。報告書は、本編（四九ページ）と詳細版（二六三頁）からなる。今後概要を記したリーフレットも公表される予定となっている。

この報告書本編には、日本とその周辺における大気中の温室効果気体の状況や、気温や降水・降雪、海面水位、海水温など、気候を構成する種々の気象要素の観測事実と、上記二ケースの将来予測が簡潔にまとめられている。本報告書の目的は、日本における気候変動対策の効果的な推進に資することであり、国や地方公共団体、企業等において、気候変動に関する政策や行動の立案・決定を行うにあたっての基礎資料となることが想定されている。主には本編が活用されると思われるが、より詳細な情報を必要とする場合のために「詳細版」も準備された。

本報告書を作成するにあたり、気象庁は「気候問題懇談会」を改組し、文部科学省と共同で運営する「気候変動に関する懇談会」の設置を計画。二〇一八年三月の事前準備会合を経て、同年六月に設置した。この懇談会の下には「評価検討部会」が設けられた。気象研究所の研究者が中心となり本報告書を執筆したが、評価検討部会と懇談会の委員は適宜助言を行い、また、原稿に対して数次にわたる査読も行った。

本報告書のこれまでにない最も大きな特徴は、行政組織が気候変動への対応策を策定するのに必要と思われる気象や海洋の要素の将来予測を取り上げていること、そして将来予測に対しては確信度を付して記載したことである。世界を対象とした気候変動の実態と予測に関しては、「気候変動に関する政府間パネル（ＩＰＣＣ）」のワーキンググループ１（ＷＧ１）の報告書がある。しかし、対象が世界全体にわたるので、日本に対する十分な記述は期待できなかった。今回の報告書は、日本とその周辺に特化したＩＰＣＣ－ＷＧ１的な報告書である。

公表に先立ち気象庁で行われたプレス発表には多くの記者が出席し、活発な質疑応答が行われた。その結果、多くの新聞で報告書の公表を取り上げてくれた。この注目度の高さに、懇談会会長を務めた者として肩の荷が下りた気分である。懇談会と検討部会の委員の皆さんに感謝したい。そして何よりも、本報告書の刊行にこぎつけられたのは、気象庁地球温暖化対策調整官Ｆさんと、この四月に彼の後任となったＨさんの頑張りのたまものである。お二人のご尽力に敬意と感謝の意を表したい。

（二〇二〇年一二月二〇日）

34　二〇二〇年は史上最も気温の高い三年の中に入った

世界気象機関（ＷＭＯ）は今月一四日、「2020 was one of three warmest years on record」と題するプレス発表を行った。世界中の五つの地表面気温のデータセットを分析した結果である。五つのデータセットとは、①米国海洋大気庁（ＮＯＡＡ）、②米国航空宇宙局ゴッダード宇宙研究所(ＮＡＳＡ－ＧＩＳＳ)、③英国気象局ハドレーセンター／イーストアングリア大学気候研究ユニット(ＨａＤＣＲＵＴ)、④ヨーロッパ中期予報センター／コペルニクス気候変動サービス(ＥＣＭＷＦ／ＣＣＳ)、そして⑤日本気象庁(ＪＭＡ)である。これらは学術的に最も定評のあるデータセット群である。

各データセットで二〇二〇年の気温は、ＮＡＳＡ－ＧＩＳＳとＥＣＭＷＦ／ＣＣＳでは二〇一六年と並び史上第一位、ＮＯＡＡとＨａＤＣＲＵＴでは二〇一六年に次ぐ第二位、ＪＭＡでは二〇一六年、二〇一九年に次ぐ第三位であった。ＷＭＯは、「これらのデータセット間の差異は、ＷＭＯによる全球平均気温を計算する際の誤差の範囲内に収まっている」とコメントした。プレス発表の表題はそれを受けたものである。全球平均気温（の〝正解〟）は一つであるべきだが、平均値作成の考え方や採用する処理法により、データセット間でばらつくのはやむを得ない。そのうえで、不確かさも含んでの平均気温であるとする社会への情報伝達が重要であることを物語っている。

この発表には、「Cooling La Nina event failed to tame the global heat（ラニーニャによる冷却も全球的な加熱の抑制に失敗した）」なる副題もついていた。昨年夏ごろからラニーニャが起こり現在も進行中であるからである。エルニーニョやラニーニャは、全球平均気温に大きな影響を及ぼすことが知られている。エルニーニョ（ラニーニャ）が起こると全球平均気温は、年平均で０・１〜０・２℃上昇（下降）することが知られている。「史上最大の１９９７／９８エルニーニョ」が起こっていた一九九八年の全球平均気温は、二〇一四年に破られるまで史上最高であった。また、現在史上最高である二〇一六年も、史上第三位（第二位とする見方もある）のエルニーニョが起こっていた年である。

このような背景からＷＭＯはラニーニャが起こっているにもかかわらず最高気温であるとし、地球温暖化が急速に進行していることへの警鐘を鳴らしたと言える。記事の最後には将来予測も示しており、二〇二四年には五分の一の確率で、産業革命以前（一八五〇〜一九〇〇年までの平均）の気温より１・５℃高い状態になるかもしれないとしている。また、英国気象局は、二〇二一年は史上最高を更新するのではないかとも予想しているという。

（二〇二一年一月二〇日）

35　海洋プラスチックごみに関する三冊の本

海洋プラスチックごみ(海プラごみ)問題は、地球温暖化問題と並び喫緊に解決すべき地球規模課題と見なされており、一般社会にも広く知れ渡るようになってきた。世界中で多くの研究者がその実態解明に携わっており、海プラごみの中でも、海洋で破砕されて大きさが五ミリメートル以下になったマイクロプラスチック(MP)について、問題の所在や研究の成果を解説した本が多数出版されるようになった。本稿では、三人の日本海洋学会に所属する研究者が出版した本を紹介したい。

初めは海洋研究開発機構(JAMSTEC)の若手海洋生物研究者、中島亮太さんの本である。『海洋プラスチック汚染　「プラなし」博士、ごみを語る』(岩波科学ライブラリー、二〇一九年)は、一四五編にも及ぶ参考文献を基に、海プラごみ問題を詳しく解説したもので、海プラごみの何が問題なのかを簡潔に学ぶことができる良書である。著者は海洋生物研究が専門であるが、現在MPを自動計測する機器の開発研究も行っている。また、著者は、人気ウェブサイト「プラなし生活」(https://lessplasticlife.com/)を主宰しているので、こちらも訪問されることをお薦めしたい。

二冊目は、元読売新聞科学部の記者で、現在サイエンスライターの東京大学大気海洋研究所特任教授、保坂直紀さんの本である。『海洋プラスチック 永遠のごみの行方』(角川新書、二〇二〇年)と題するこの本は、海プラごみ問題を一貫して生活者の目線で解説したものである。著者は最後に、海プラごみ問題は一挙に解決できるものではないとの前提で、一人の生活者として極端に走ることなく、今の私たちができることを、模索しつつも提案している。情報を文章で伝えることを長年の生業とされてきている方なので、大変読みやすい本となっている。

三冊目は、海洋物理学の研究者で九州大学応用力学研究所の教授、磯辺篤彦さんが書かれた『海洋プラスチックごみ問題の本質 マイクロプラスチックの実態と未来予測』(化学同人、二〇二〇年)。この問題の海洋物理学的側面の研究について、自身の研究も紹介しつつその最前線を紹介したものである。著者は我が国における海プラごみ・MP研究の第一人者であり、世界の研究をも牽引してきた人である。また、研究者の姿勢の在り方も考えさせられる良書で、若手研究者にぜひ読んでほしい。なお、私は依頼されてこの本の書評を、二〇二〇年一一月発行の『JOSニュースレター』第一〇巻三号に書いているのでそちらも参考にされたい。

（二〇二〇年二月二〇日）

36 「exercise」を超えた研究を

現在私は、略称「南極の海と氷床」と「Hotspot2」の二つの新学術領域研究のアドバイザーになっている。年度末になり、今年度の年次報告会と運営委員会が開催される時期となったが、なんと三月一七日から一九日の三日間と、二つとも同じ日程で開催されることがわかった。さらに、一七日にはこれらと別の会合が既に予定されていた。どう対処するかであるが、幸いすべての会合はオンライン方式であるので、三つの会合に一日ずつ参加することで了承を得た。

アドバイザーは参加者の成果発表を聞いて質問やコメントをしたり、リーダーの人たちから各班の進捗状況の報告を受けて、プログラム全体の運営についてアドバイスしたりするのが役目である。しかし、一八日に参加する「Hotspot2」では、一部しか聞けないこともあり、何かメッセージを伝えられないか、事前に考えておくこととした。それが「exercise を超えた研究を」と題する話である。私がこの話で伝えたかった大要を以下に示したい。

随分前のことでどの論文かも忘れているのだが、海外の雑誌に論文を投稿したところ、査読者からこの研究は「exercise」のようだと評された。exercise（演習）、すなわち、既に手本となるものの見方や解析手法があり、それらを単に対象を替えて適用したに過ぎないのではないか、という指摘である。もちろん、改訂稿の提出時には、この研究はかれこれこういう意義があり、これまでとは異なる視点で解析した結果をまとめたもので、指摘は当たらないと反論した。ともあれ、研究へのexerciseという評価の表現に出合い、いろいろと考えさせられた。

研究にもいろいろなスタイルの研究がある。化学や材料科学の分野では、同じ分析手法でも異なる物質や材料でありさえすれば研究になるという。私たちの分野でも同じ視点・解析手法で、地域や対象、あるいはデータの種類を替えれば研究が成立することがある。例えば、太平洋を対象とした解析が成功したので、同じ解析を大西洋に適用するような研究である。もちろん、これも立派な研究には違いなく、論文にも、業績にもなる。サイエンスを前に進めるうえでも経なければならない研究であり価値もある。しかし、ただ単に、同じ見方・解析の適用だけでその研究を終えるのなら、やはりexerciseと評されても仕方ないだろう。

経験を積んでくると、どのような結論が得られると論文になるかなど、先が読めるようになる。そして、その結論を得るためには過去に行われてきたこのアプローチが有効などの判断もできるようになる。私たちは多くの場合そのような立場で進めるのであるが、それだけでもって善しとするのではなく、常にそれを乗り越えることができないかと模索すべきではなかろうか。まさに皆さん、「exerciseを超えた研究を」である。

（二〇二一年三月二〇日）

第二部　海の話

1　海の話

～理屈抜きですべて知りたい～

今年の三月二四日、海洋科学技術センター（現国立研究開発法人海洋研究開発機構：JAMSTEC）の無人探査機「かいこう」が、マリアナ海溝の最深部（一万九一一メートル）の潜航に成功しました。世界最深記録です。この潜航で、海底にサバの切り身を置いたところ、数匹の小魚が集まってきた様子がテレビカメラにとらえられたと報じられています。海洋生物の研究者は「脅威である」とのコメントをしていました。発見されることを待っている未知なるものが、まだまだたくさんあるようです。

大気の底に住んでいる私達は、一平方メートル当たり、約一キログラムの加重を受けています。この圧力が一気圧です。水は空気の約千倍の密度を持っていますので、深さ一〇メートルごとに一気圧ずつ上昇していきます。一万メートルでは一千気圧にもなります。一万メートル（＝一〇キロメートル）は平地で歩けばほんの数時間の距離ですが、この大きな圧力が人類の自由な海の観察の壁になっているのです。

さて、私達はなぜ海を知ろうとしているのでしょうか。「山に登るのは、山がそこにあるからだ」と言われます。私たち研究者も同じような感覚を持っています。理屈抜きで海のすべてを理解したいのです。もちろん、海の研究にはすぐに役立つものもたくさんあります。水温や塩分の分布から、漁場の形成域を知ることができます。また、海の流れがわかれば船舶の運航を効率よく行うことができます。近年、気候形成やその変動には、海が大きな役割を担っていることが知られてきました。天候の長期予報のためには、海を監視する必要があるわけです。この気候変動にとっての海の役割の研究は、進んでいるとは決して言えない段階ですが、地球温暖化問題にも絡み、私達海洋研究者にとって差し迫った緊急の課題ともなっています。

短期間の連載ですが、「海の話」に付き合ってください。

（一九九五年五月一日）

2　海は熱の貯蔵庫
〜暖まりにくく気温上昇防ぐ〜

海には、地球表層の水の大部分、約97パーセントが存在します。

水は暖まりにくく、したがって冷めにくい性質を持っています。単位質量の物質を単位温度だけ上昇させるのに必要な熱量を「比熱（比熱容量）」と言いますが、水の比熱は液体アンモニアを除いて物質中最大なのです。大気と海洋の平均温度や総質量などを使って計算しますと、海は大気の約千倍もの熱量を持っていると見積もることができます。

水の比熱と総貯熱量が大きいことは、熱が外から加えられたり、外から冷やされたりしても、温度はあまり変わらないことを意味します。ところで地球は、自転軸を公転軌道面に対して二三・五度傾けて、太陽の周りを公転しています。このため、中・高緯度では太陽からの熱の入射が、季節によって大きく変わります。大気や海の受け取る熱量に、一年周期の変化があるわけです。

大気はこの変化にすぐ応答してしまいます。この応答を「なじむ」とも言い換えられます。状況の変化に対する大気のなじむ時間は約一か月です。比喩的に言いますと、大気は「過去の状態をすぐ忘れてしまう」ということです。中・高緯度に住む私達が四季を享受できるのも、大気のこの忘れっぽい性質のためなのです。

さて、では海に四季はあるでしょうか。確かに冬の海は冷たく、夏になると暖かくなります。しかし、前に述べた水の比熱の大きさと、ごく表層で太陽からの熱が吸収されるという二つの理由で、年変化をする層は百メートル程度に限られます。海の大部分には四季がないのです。

地球温暖化に伴う気温の上昇が数値モデルで調べられています。シミュレーションの結果は、北半球に比べ、南半球では気温の上昇が遅れることを示しています。南半球では、海が81パーセントを占めているので、この海が緩衝作用をし、北半球よりも気温の上昇を遅らせているのです。

（一九九五年五月八日）

3 海水の温度
～30度から氷点下2度の範囲に～

海を温めている熱源は、太陽から放射される可視光線を中心とした電磁波のエネルギーです。大気は可視光線をほとんど吸収しませんので、太陽からのエネルギーは、まず地面や海を温めます。

湾やサンゴ礁などの浅く淀んだ海域を除きますと、海水の温度は30℃から氷点下2℃の範囲にあります。世界でもっとも暖かい海は、ちょうど日本の真南の西太平洋赤道域です。この海域の表層の水温は、28℃から30℃です。この表層の水が、数年おきに太平洋赤道域の中央部から東部に移動する現象が、エルニーニョです。

逆に低い温度の海水が存在するのは高緯度の海域と深層です。平均的な海水には、一キログラムあたり三五グラムの塩類が溶け込んでいます。これを「海水の塩分は35である」、といいます（塩分には単位がありません）。真水は4℃で密度が最大となりますが、海水は氷点下4℃程度で最大となります。

ところで、塩分35の海水の結氷点（凍る温度）は、おおよそ氷点下2℃です。ですから、海水が実際にとりうるもっとも低い温度は、氷点下2℃ということになります。

高校の地学の教科書の中に、海の深層の水温は約四℃である、と記載されているものがありました。これは不適切です。実際に観測されている水温は、海の深さの平均である約四〇〇〇メートルで、0℃から2℃の間です。教科書の著者は湖などの場合と勘違いしているのでしょう。

第一話で取り上げた、海洋科学技術センター（現在の国立研究開発法人海洋研究開発機構）の「かいこう」は、世界最深のマリアナ海溝への潜航中に、水温や塩分も計測しています。その資料を見ますと、最深部では2・42℃でした。四〇〇〇メートルのところよりも高い水温です。これは大きな圧力のために海水が圧縮され、水温が上昇したためです（断熱圧縮による昇温現象）。ちなみに、この最深部の水を海の表面まで持ってきて圧力の効果を除きますと、約1・2℃となります。

（一九九五年五月一五日）

4 海と大気の相互作用
～密度差で大規模な対流運動～

前回、海を温めている熱源は、太陽から放射されているエネルギーであると述べました。大気も海洋も絶えず運動をしていますが、この運動のエネルギーも、結局は太陽から得ているエネルギーです。

太陽からのエネルギーは大気を素通りしてまず地面や海を温めます。ところで、地球は球ですので、低緯度と高緯度では、地面や海の受け取るエネルギー量が異なり、地面や海の温度には低緯度と高緯度で差が生じます。低緯度では高緯度より小さな密度の海水や空気ができることになります。この密度差は、大気や海洋に大規模な対流運動をおこします。

私達がお椀の中に見るみそ汁の動きは、表面が冷えることによって生じる対流運動です。大気や海の大規模な対流運動には、地球が自転している効果などが効いて単純な形態ではありませんが、ここではとりあえず空気や海水が運動し始めると考えてください。

空気の運動は風です。風は海面をこすり、海水の運動を引き起こします。大きな熱量を持った海水が動くわけですから、海面の温度分布も変わってきます。ひるがえって大気の運動も変形します。ところで大気も海洋も必然的に「揺らぎ」を持っています。また、大気の高気圧や低気圧のように、大気それ自身が渦を巻くように不安定になって、独自の運動も生じます。この大気の渦が新たな海水の運動を起こします。

つまり、大気と海洋は、どちらかが一方的に影響を与えているのではなく、相互に作用し合って運動しているのです。これを「大気海洋相互作用」と言います。この分野の研究は、海洋物理学と気象学双方にまたがっており、現在大きな学問分野へと発展しつつあるところです。例えば、エルニーニョに関連する研究は、まさにこの分野の研究の典型的なものです。

（一九九五年五月二二日）

5　黒潮―世界最大の海流
～流量は北上川の一〇万倍～

今回のテーマは黒潮です。北緯一〇度付近を東から西に太平洋を横断してきた北赤道海流は、フィリピン近海でその一部が北上し始めます。この付近から房総半島に至る、帯状の強い流れが黒潮です。「日本海流」とも呼ばれますが、学術的には「黒潮(Kuroshio)」で、国際的にもこの名前が使われています。

黒潮の幅は約一〇〇キロメートル、最大流速は毎秒一～二メートルです。流量は毎秒五〇〇〇万立方メートル程度であり、北大西洋のガルフストリーム(湾流)や、南極大陸を囲むように流れている南極周極流と並び世界最大の海流です。東北地方で最大級の北上川の平均流量は毎秒四〇〇立方メートルですから、黒潮ではその約一〇万倍の水が、低緯度から運ばれていることになります。

日本南岸で黒潮は二つの安定な流路をとります。一つは本州に沿う直進流路、もう一つは遠州灘沖で南に張り出す大蛇行流路です。一つの流路を数年から一〇年とり、もう一つの流路に変化します。ところが、一九八〇年代以降、一つの流路の持続期間が短くなっています。理由はまだ分かっていませんが、ここ一〇〇年ほどの変動で初めてのことです。

古文書から日本人と黒潮の出合いが調べられています。長い鎖国のせいでしょうか、江戸末期でも黒潮の全体像は分かっていなかったようです。一八五三年とその翌年、米国のペリー提督が艦隊を率いて日本にやってきました。彼らはその航海の途中、水温や偏流(船が流される程度)を観測しています。一八五六年、米国でこれらの資料をもとに現在の知見に近い黒潮の図が描かれています。

黒潮という名前は、水の色に由来すると言われています。黒潮の水は栄養塩に乏しく、そのため動・植物プランクトンも、浮遊物も多くありません。光は深くまでもぐって吸収されてしまい、反射して海面には戻ってきません。そのため、海水が黒っぽく見えることになります。

（一九九五年五月二九日）

6 親潮─親なる海流
～気仙沼市沖が平均南限位置～

今回は、黒潮と並び日本人にとってなじみ深い海流である親潮についての話です。「魚類や海藻類を養いはぐくむ親なる潮（海流）」という意味で、「親潮」です。「千島海流」とも呼ばれますが、学術的には「親潮（Oyashio）」で、国際的にもこの名称が使われています。

親潮は、千島列島ウルップ島付近から道東沖に至る南西流で、その本流は東北東に向きを変えます。海面での流れは黒潮ほど速くはありませんが、深い層まで流れています。流量は黒潮ほど正確に計測されていませんが、黒潮に匹敵すると考えられています。

親潮の水は、カムチャッカ半島の東側を南下する海流の水と、オホーツク海から太平洋に流出する水とが混合したもので、低温で低塩分の水です。北の海域では深層から水が湧昇していますので、黒潮の水に比べはるかに栄養塩を豊富に含んでいます。この豊富な栄養塩が、海草をはぐくみ、また植物・動物プランクトンの生産を活発にし、そして多くの魚を養うことができるわけです。

親潮本流から一部の親潮水は、三陸の沖合を南下します。この部分を親潮第一貫入と呼びます。通常私達が親潮と呼んでいるのは、この親潮第一貫入のことです。さらに沖合には第二貫入が南下しています。第一貫入の南限位置は、年によって大きく変動します。気仙沼市沖が平均の南限位置ですが、一九八一年や一九八四年には茨城県沖まで達し、漁業に大きな影響を与えました。

私達は、この親潮第一貫入の年平均の南限位置を予測するモデルの開発を行っています。冬季のアリューシャン低気圧の発達の度合いから、南限位置の予測ができそうです。今年の冬の資料を用いて、今後一年間の平均の南限位置を予測したところ、平年よりは五〇キロメートルほど南の、牡鹿半島付近まで南下しそうであることがわかりました。

（一九九五年六月五日）

7　東北の海は混乱している？
～潮目になり有数の漁場形成～

黒潮は房総半島を過ぎると蛇行しながら東に流れていきます。房総半島から東の方へ流れる黒潮を黒潮続流と呼びます。一方、親潮の本流は道東沖から東北東へ流れていきます。表層で見ますと、親潮と黒潮続流は直接境を接していないのです。二つの海流に挟まれた海域、すなわち、東北の海はどうなっているのでしょうか。

宮城県塩竈市にある水産庁東北区水産研究所（現国立研究開発法人水産教育・研究機構東北区水産研究所）などの、海を監視している官庁では、表層の水温分布図を発行しています。いわば「海の天気図」です。それを見ますとこの海域には親潮第一・第二貫入が南下し、その間に大小さまざまな渦が多数存在していることがわかります。また、変動がとても速いこともわかります。このようなことから、黒潮続流と親潮の間の海域を私達は「混乱水域」とか「混合水域」と呼んでいます。

東北の海は混乱している海なのです。異なる性質を持つ水が境を接している所を、前線とか潮目（しおめ）、あるいは潮境（しおざかい）と呼びます。潮目には魚が集積します。親潮の水は生産性が高い（栄養塩が豊富でプランクトンも多い）こともあり、東北の海は世界有数の漁場を形成しているのです。

この海域に存在する渦は、中心部が数百メートルと深いレンズ状の形をしています。渦の中の水は、周囲の水よりも高温で、かなり一様です。この渦が「暖水塊（だんすいかい）」です。暖水塊の水は時計回りに循環しています。

多くの暖水塊は、黒潮続流の蛇行が甚だしくなって、その峰のところの水が最終的にちぎれることで形成されます。大きい暖水塊は、直径が二〇〇キロメートルにも達します。暖水塊は黒潮続流に再び取り込まれるものがありますが、ほとんどがゆっくりと北へ移動します。存在する位置により、金華山沖暖水塊、三陸沖暖水塊、時には道東沖に達して、釧路沖暖水塊と呼ばれることもあります。一九八六年に形成された大型の暖水塊を、研究者は二年以上にわたり追跡しました。この暖水塊は、最終的に千島列島付近まで漂って行きました。

（一九九五年六月一九日）

8　海の波
〜津波の速さ　ジェット機並み〜

海辺には止めどもなく波が押し寄せてきます。沖合のどこかで風の作用によりできた海面の凹凸が、波として伝播してきたのです。風が直接作用している波を、「風波（かざなみ／ふうは）」とか「風浪（ふうろう）」と呼びます。強い風が、長く吹き続けるほど発達します。風波は、とがった峰を持つのが特徴です。

風波が、風の吹いていない領域に伝播しますと、「うねり」となります。風波と違い、丸い峰と丸い谷を持つ波です。晩夏から初秋にかけて押し寄せる土用波（どようなみ）は、遠く南方洋上の熱帯低気圧や台風の領域で発達した風波が、うねりとなって伝播してきたものです。

大きな被害をもたらす海の波に「津波」があります。津波は、地震や海底火山などの影響で、海底地形に大きな変化が生じた時に発生します。波長は数キロメートルから数百キロメートル、周期は数分から数十分です。

津波の伝播の速さは、波の周期や波長にはよらず、海の深さで決まります。すなわち、速さは重力と水深の積の平方根で求められます。例えば、一〇〇〇メートルの海では、毎秒一〇〇メートルの速さ（毎時三六〇キロメートル）となります。

神戸大学の寺島敦先生から教えて頂いた話をご紹介しましょう。『大地』などの作品でノーベル文学賞を受賞したパール・バック女史が、自著『大津波』の映画制作のため一九六〇年に来日しました。ハワイを飛び立った彼女は、ウェーク島付近で「チリ津波」が日本に向かっているのを知ったそうです。そして羽田に着いた時には津波は既に日本を襲い、三陸沿岸では甚大な被害がでていました。このあまりの偶然に彼女自身非常に驚いたそうです。

津波の速さは、まさにジェット機並みなのです。近海で津波の発生が予測されたときには、一刻も早く高台に避難すべきなのです。

（一九九五年六月二六日）

第三部　海洋時論

1　国際アルゴネットワーク
〜伊勢志摩サミットでの取り上げ計画拡充の弾みに〜

◆G7伊勢志摩サミット首脳宣言に海洋観測の強化など盛る

本年五月二六〜二七日に三重県で開催された先進七か国首脳会議（G7伊勢志摩サミット）で採択された首脳宣言に「科学的知見に基づく海洋資源の管理、保全および持続可能な利用のため、国際的な海洋の観測および評価を強化するための科学的取り組みを支持する」との文言が盛り込まれた。

この文章が意味する内容は、先立つ同月一五〜一七日に開催されたG7茨城・つくば科学技術相会合コミュニケの「3　海洋の未来」にまとめられた五つの行動計画の一つに謳われている。

すなわち、「既存の海洋観測の維持や調整を行う一方で、国際アルゴネットワークやその他の海洋観測プラットホームを通じて、気候変動や海洋生物多様性をモニターするのに必要となる地球規模の海洋観測の強化のためのイニシアティブへの取り組みを支援する」というものである。

「国際アルゴネットワーク」（以下、国際アルゴ計画）は、漂流する多数のフロートを用いた海洋監視計画である。一九九〇年代後半に研究者が提案したもので、すぐさま国際的な計画となった。

◆過去一五〇年間に船舶で取得したデータ総数を凌駕

アルゴフロートは、一〇日間一〇〇〇メートル深を漂流した後、二〇〇〇メートル深まで潜り、その後の浮上過程で水温と塩分を計測する。フロートは、海面でデータを人工衛星に送信した後、一〇〇〇メートル深に潜って再び漂流する。

気象機関（日本では気象庁）では、データに品質チェック（QC）を施し、天気や季節予報モデルで利用する。また、精密なQCを施した後のデータは海洋データセンターに収集保管され、研究者の自由な利用に供される。当初、緯度経度三度に一台のフロート展開が目標であったが、二〇〇七年一一月に達成された。

本計画には日本をはじめ約三〇か国が参加して

いる。稼働フロートの台数は八月現在三八〇〇台で、中でもアメリカ（二〇九九台）、オーストラリア（三七二台）、フランス（二三四台）、日本（一八三台）、イギリス（一四〇台）などの国が多数展開している。年間一〇万を優に超えるデータが取得されており、一九世紀半ば以降の一五〇年間に研究船などの船舶で取得したデータの総数をすでに凌駕するに至っている。

◆深海、化学・生物学的項目、氷海下の計測などに運用拡大

アルゴデータと人工衛星データを合わせて用いることで、海の貯熱量の増加や水位の上昇に加え、水塊や流れの変動・変化を即時的かつ世界中の海に対して把握できることとなった。一九九八年以降、アルゴデータを用いた論文は二三〇〇編に及び、海洋学に革命的な進展をもたらしたと評価されている。

現在、フロートによる深海までの計測、酸素やpH（水素イオン指数）などの化学・生物学的項目の計測、氷海下での計測など運用の拡大を図っている。

国際アルゴ計画が本年のG7サミットで取り上げられたことにより、世界中の海洋研究者は、国際アルゴ計画がより一層整備・拡充されるものと、大いに期待している。

（二〇一六年一〇月二六日）

2 史上最高値となる二〇一六年の平均気温
～強いエルニーニョが最高値をもたらす～

◆世界気象機関、「今年は昨年抜き最も暑い年」との見通しを発表

モロッコのマラケシュで「気候変動枠組み条約第二二回締約国会議」（COP22）が開催されている期間中の一一月一四日、世界気象機関（WMO）が「今年の年平均気温は、観測史上最高だった昨年を抜いて最も暑い年になる」との見通しを発表した。

WMOによると、今年一月から九月までの気温は昨年を上回る状態が続いており、観測史上最高の気温になる見通しだという。この原因として、地球温暖化の進行とともに、一昨年来続いていたエルニーニョを挙げている。

本稿では、上記の報道に関連し、観測史上の意味とエルニーニョ現象について解説する。

◆観測史上最高とは一八五〇年から現在までの間で最高の年平均気温

一六世紀末にガリレオ・ガリレイ（1564-1642）によって発明されたと言われる温度計により、海上の気温が組織的に測られたのは一九世紀半ば以降のことである。

一八五三年、ベルギーのブリュッセルで第一回世界海事会議が開催された。この会議にはアメリカとヨーロッパから一〇の国々が参加した。ここで、外洋を航行する船は一日に数回、気温や気圧、風速・風向、そして雲量などを計測し、それらの資料を各国の気象機関が収集することを義務付けた。これ以降現在まで、海上気象資料が組織的に収集されることになった。

陸上の気温は地形などにより顕著な影響を受けるため、ある空間の平均的な気温を評価するためには多数の観測点資料が必要となる。

これに対し、海洋は平坦であるので、一点の観測値が広い領域を代表することになる。したがって、広い海洋ではあるが、世界の平均気温を推定するには、海上気温が大変有用な資料となる。実際、温度

計による世界平均気温の推定は、一八五〇年ごろまで遡って行われている。すなわち、「観測史上最高の年平均気温」とは、「一八五〇年ごろから現在までの間で最高の年平均気温」と言い換えることができる。

◆一昨年夏から今年春まで観測史上三番目に強いエルニーニョが発生

エルニーニョには、毎年一二月から二月ごろまでの数か月間続く小規模なものと、数年おきに一年程度続く大規模なものがある。直近では一昨年夏から今年の春まで、観測史上三番目に強いと言われるエルニーニョが起こっていた。

大規模なエルニーニョは、通常熱帯太平洋の西部に蓄積している暖水が、赤道に沿って中央部から東部に移動する現象である。通常は冷たい水温の海域が暖水で覆われてしまうために、それらの海域の気温にも影響を及ぼし、年平均気温も有意に上昇させるのである。

実際、一九九七年春に発生し、一九九八年春まで続いたエルニーニョは観測史上最大のエルニーニョと言われているが、一九九八年の年平均気温は、それまでの気温よりもかなり高く、二〇一四年まで、長く最高気温の座を保っていた。

二〇一六年の年平均気温は、地球温暖化による影響に、強いエルニーニョの影響が加わり、観測史上最高値になったと言える。

（二〇一六年一二月二一日）

3　サンゴ白化現象
～地球温暖化の抑止は喫緊の課題～

◆環境省、沖縄・石西礁湖のサンゴ七割死滅と発表

環境省は一月一〇日、沖縄県にある国内最大のサンゴ礁である石西礁湖（せきせいしょうこ）の七割のサンゴが、昨年から今年にかけて死滅したと発表した。翌日の新聞各紙は、「最大サンゴ礁七割死滅」（毎日新聞）、「最大のサンゴ礁九割『白化現象』」（日本経済新聞）などの見出しで、これを大きく報道した。環境省は昨年の夏以来、同海域で三回の調査を行ってきたが、昨年一一月から一二月にかけて行った第三回調査結果をもとにこれを発表した。

石西礁湖とは、沖縄県でも南部に位置し、ほぼ東西に並ぶ石垣島と西表島の間にある東西二〇キロメートル、南北一五キロメートルの海域を指す。ここには、我が国最大のサンゴ礁が存在する。

◆日本周辺の海面水温上昇がサンゴの白化もたらす

昨年は台風の発生が遅かったため、日本周辺の海面水温が例年より高く推移した。同海域の小浜島の東に設置した海洋モニタリングブイのデータによれば、六月中旬に30℃を超え、この状態が八月下旬まで続いたことがわかっている。このような高水温によりサンゴの白化現象が発生していた。

サンゴは動物の一種であるが、中でも「造礁サンゴ」と呼ばれる種類は、褐虫藻という微小な生物と共生状態にある。褐虫藻が光合成で得たエネルギーをサンゴが利用するため成長がとても早く、サンゴの大群落をつくる。この造礁サンゴの大群落があるところをサンゴ礁と呼んでいる。

褐虫藻はストレスに大変弱く、海水温が高くなるとサンゴから離脱してしまうことがある。これがサンゴの白化現象で、サンゴの透明な組織を通して白い骨格が見えることから、このように呼ばれている。ストレスが短期間であれば、再び褐虫藻が戻るものの、長く続くとサンゴはエネルギーを得られず死滅することになる。

◆豪グレートバリアリーフの白化現象が過去最悪に

オーストラリアの東海岸に沿って、世界最大のサンゴ礁であるグレートバリアリーフが広がっている。イギリス放送協会（BBC）は、昨年一二月、グレートバリアリーフの赤道に近い北側のサンゴ礁のおよそ七割で白化現象が起こったことを報道した。この原因は昨年二月から四月までの三か月間、海水温が平年よりも1℃以上高い状態にあったためである。同海域では二〇〇二年に小規模の白化現象が起こったが、今回の規模は過去最悪の状態であるとのことだ。

世界の至る所で起こっているサンゴの白化現象とそれに伴う死滅は、地球温暖化による海水温の上昇によるものと考えられている。サンゴ礁は豊かな海洋生態系を維持するうえで極めて重要な役割を担っている。海洋からの観点でも、地球温暖化の抑止は喫緊の課題であると言える。

（二〇一七年二月一四日）

4　二〇一六年ラニーニャの取り消し
～継続期間が短く、定義満たさず～

◆エルニーニョ、ラニーニャ両現象の定義と命名の経緯

今年二月一二日付の日本経済新聞に、「ラニーニャ認定取り消し　気象庁　昨秋、水温低下期間短く」と題する記事が掲載された。二〇一四年六月から二〇一六年四月まで、「スーパーエルニーニョ」などと呼ばれた強いエルニーニョ現象が起こったが、その後九月からラニーニャ現象が発生したと発表されていた。しかし、その後の推移から、最終的に定義を満たさないことがわかり、ラニーニャ現象が発生したとは言えないことが報道されたのである。

この報道に関連して、エルニーニョ現象やラニーニャ現象の定義と、ラニーニャという名前が付けられた経緯について紹介しよう。

◆監視海域の水温平均値からの偏差で現象を定義

二〇一六年一二月二一日付本コラムに書いたよう

に、エルニーニョには季節変化としての現象と一年程度続く大規模な現象との二つがある。日頃私たちがエルニーニョと呼んでいるのは後者である。

気象庁では、南緯五度〜北緯五度、西経一五〇度〜西経九〇度の海域（エルニーニョ監視域と呼ぶ）の水温の、その前の年までの三〇年間の各月の平均値からの差の五か月移動平均値が、五か月以上続けてプラス0・5℃以上となった場合をエルニーニョ現象、マイナス0・5℃以下となった場合をラニーニャ現象と定義している。ここで言われている五か月移動平均とは、当該月とその前後二か月の計五か月の値を平均して変化を滑らかにする操作のことである。

今回、昨年九月と一〇月の二か月間はマイナス0・5℃以下となったものの、その後平均値に近づいたため、ラニーニャ現象が発生したとは見なされなかったのである。なお、気象庁が毎月発行している「エルニーニョ監視速報」では速報性を重視して、（五か月移動平均値が）原則一か月でもプラス0・5℃以上の状態となった場合に「エルニーニョ現象が発生」、マイナス0・5℃以下の状態となった場合に「ラニーニャ現象が発生」と表現している。

◆曲折経てエルニーニョ＝少年、ラニーニャ＝少女が定着

エルニーニョはスペイン語で、英語では「The Boy」、すなわち少年のことである。それも、特別の少年、幼子イエス・キリストを指す。一方、エルニーニョとは逆の現象に対し、当初、反対（anti-）の現象ということで、アンチ・エルニーニョと呼んでいた。しかし、この呼称はキリスト教を冒涜するような印象があるので、他の名称が望まれていた。

一九八五年、アメリカのエルニーニョ研究者であるS・G・フィランダーが、エルニーニョとラニーニャと題する論文を発表し、ラニーニャと呼ぼうと提案した。ラニーニャはスペイン語で、英語では「The Girl」、すなわち少女のことである。同じころ、別の研究者からはスペイン語のエルビエホ、英語では「The Old」、すなわち老人ではどうかとの提案があったが、結局、現在はラニーニャが圧倒的に使われている。

（二〇一七年三月二九日）

5　マイクロプラスチックごみ
～深海にも横たわる　各国が解決すべき課題～

◆JAMSTECが「深海デブリデータベース」を公開

四月三日、海洋研究開発機構（JAMSTEC）は、海底ごみの映像や画像を集めた「深海デブリデータベース」を公開するとのプレスリリースを行った。「デブリ」とは、フランス語の「débris」で「破片」という意味であるが、多くの場合「ごみ」を指す語として使われている。

JAMSTECは、深海まで潜ることのできる有人潜水調査船や無人探査機を所有している。それらを用いた海中や海底の調査において画像や映像を撮影しているが、その中には海底に横たわっているポリ袋やペットボトル、缶などが写っていることがある。

今回それらの資料から、海洋のごみ問題解決に資することを目的に、ごみの種類を細かく分類した画像や映像のデータベースを作成し公開した。

◆日本海溝にマネキンの首、世界最深の海底にはポリ袋

JAMSTECが公開した画像の中には、岩手県沖の水深六〇〇〇メートルを超す日本海溝にマネキンの首が横たわるショッキングなものもあった。有人潜水調査船「しんかい６５００」が撮影した画像だが、その時の映像（動画）もある。海底を撮影中に現れたマネキンの首に撮影者はさぞびっくりしたのだろう。そのためか、ズームしたりピントがずれたりしたシーンもあった。

また、無人探査機「かいこう」が水深一万九〇〇〇メートルのマリワナ海溝で撮影した複数のポリ袋の画像もあった。水深一万九〇〇〇メートルとは、世界最深部の海域を意味している。世界最深の海でもごみが見つかったのである。

◆人間への影響も懸念される細片化した海洋ごみ

上記データベースは、ペットボトルやポリ袋の画像や映像であるが、目に見えない細かく砕けたプラスチックごみも海には存在する。海表面近くでの波や流れによる物理的破壊や、紫外線による化学的な

破壊で次第に細片化し、ついには肉眼では認識できないほどのサイズになる。このような小さなごみはマイクロプラスチックごみと呼ばれている。

このマイクロプラスチックごみの表面には、ポリ塩化ビフェニル（ＰＣＢ）などの有害な化学物質や、バクテリアやコレラ菌などが付着しやすいことが知られている。魚や貝、あるいは海鳥の内臓から、マイクロプラスチックがかなりの頻度で見つかることが既に報告されている。生物はその体内で有害物質を濃縮するので、汚染された魚や貝を食べることで、人間にまで影響が及ぶのではないかとの懸念が示されている。

海岸に漂着するペットボトルなどのごみは遠くから見ても大変目立つもので、本来美しいはずの景観を損ねている。これは各国が協力して解決すべき大きな問題である。そして、それだけにとどまらず、本稿で述べたように、マイクロプラスチックごみ問題も早急に解決すべき大きな課題であるといえる。

（二〇一七年五月二四日）

6　外来生物の侵入防止
〜生態系保全へ「水際作戦」が重要〜

◆関係省庁、ヒアリの早期発見と防除に取り組む

五月二六日に兵庫県尼崎市でコンテナの内部から数百匹のヒアリが見つかったとの報道があった。それ以来、神戸港、大阪港、名古屋港などでも相次いで生息が確認され、ちょっとした騒動になっている。七月に入ると環境省の呼び掛けで国土交通省や農林水産省などの関係省庁の担当者が集まり、早期発見と防除に向けた取り組みを推進することを決めた。

ヒアリは毒を持つ南米原産のアリで、刺されると猛烈な痛みを伴うことから、漢字では「火蟻」と書く。人やモノの移動と共に次第に生息域が広がり、一九四〇年代にはアメリカが生息域になったという。日本では「特定外来生物」に指定されている。

二〇〇〇年代に入ると中国や台湾、オーストラリアにも侵入した。ただし、ニュージーランドは二〇〇一年に侵入が確認されたものの、徹底的な防除を行い、定着阻止に成功したと伝えられている。

◆環境・農水両省、生態系被害防止外来種リストを公表

日本にもともと生存・生息をしていない生物で、環境を破壊したり人間などに被害をもたらしたり恐れのある生物が特定外来生物である。

環境省と農林水産省は二〇一五年三月、「我が国の生態系に被害を及ぼす恐れのある外来種リスト（生態系被害防止外来種リスト）」を作成し公表した。ヒアリ（アカヒアリ）は、生態系被害が大きく（選定理由Ｉ）、人体や経済・産業に大きな影響を及ぼす（同Ⅲ）という理由で全七八種の「定着を予防する外来種（動物）」の一つに認定されていた。

このリストの中には、「魚類」や「その他の無脊椎動物」の項目には海に棲む動物も認定されている。船舶による物流の拡大により、海に棲む動物の移動も懸念されているからである。

◆ＩＭＯ採択のバラスト水管理条約が九月に発効

海に棲む生物では、貝類など船底に付着しての移動もあるが、大型船が積むバラスト水による移動が知られている。貨物の積載量が少ないとき、船を安定させるための重し（バラスト）として船内に取り込む大量の海水をバラスト水と呼ぶ。通常、バラスト水は貨物を陸揚げした港で船内に取り入れられ、貨物を積み込む港で排出される。

このバラスト水による海にすむ動物の移動は既に顕在化しているため、二〇〇四年二月、国際海事機関（ＩＭＯ）で、いわゆるバラスト水管理条約が採択された。各国の批准がなかなか進まなかったが、昨年ようやく要件を満たしたため、今年九月八日に発効することが決まった。これ以降、機械的・物理的・化学的手段により、積載しているバラスト水に含まれる有害な水生生物を除去あるいは無害化した後に排出することが義務付けられた。

陸上や海洋生態系の保全のためには、可能な限り外来生物の侵入を防がなくてはならない。そのためには、空港や港などの人や物の出入り口での防御、いわゆる水際対策が重要となっている。

（二〇一七年八月一八日）

7　一二年ぶりの黒潮大蛇行
～九州東岸で発生、東進し停滞…
このプロセス解明が鍵～

◆気象庁・海上保安庁が黒潮大蛇行の発生を発表

気象庁と海上保安庁は九月二九日、黒潮が八月下旬以降、紀伊半島から東海沖で大きく離岸して流れる状態が続いており、一二年ぶりに大蛇行しているとみられると発表した。二〇〇五年八月以来のこの大蛇行は、海上保安庁の測量船「海洋」が九月二七日に取得した観測データからも確認されたとしている。

大蛇行が発生すると、場所によっては沿岸潮位が高くなったり、魚種や漁獲量に変化が起きたり、船舶の航行にも注意を要するなど、さまざまなところに影響が出ることから、メディアに大きく取り上げられた。

◆黒潮流路の二様性：大蛇行流路と非大蛇行流路

黒潮は日本南岸を東に流れる世界有数の海流で、幅は約一〇〇キロメートル、中央表層での最大流速は毎秒一～二メートル、深くなるにつれて遅くなるがおおよそ一〇〇〇メートルの深さまで流れ、毎秒五〇〇〇万立方メートルの海水を運んでいる。

北緯一五度付近を西へ流れる北赤道海流の一部がフィリピン付近で北に向きを変えて黒潮となる。黒潮は、南西諸島の西側を北上し、トカラ海峡を抜ける。さらに九州東岸を北上し、四国沖から日本南岸に沿って東に向かい、房総半島付近で日本沿岸から離れる。学術的にはこの台湾付近から房総半島までの流れを黒潮と呼び、房総半島から東の流れを黒潮続流と呼ぶ。

流れの道筋のことを流路と呼ぶが、黒潮は大蛇行流路と非大蛇行（直進）流路を交互に取ることが知られている。陸上の河川とは違い、海洋での流路は時々刻々位置が変わる。詳しく見れば黒潮の流路も多様であるが、大別すれば大蛇行流路と非大蛇行流路の二種類である。このことを黒潮流路の二様性(bimodality)と呼んでいる。

◆黒潮大蛇行の要因解明はチャレンジングな研究テーマ

黒潮はなぜ大蛇行と非大蛇行という二つの流路を

取るのだろうか。海洋物理学の研究者を悩ます大問題である。一九七五年に発生した大蛇行が契機となり、その後多くの研究が行われてきたが、いまだ皆が納得する説明はない。黒潮の流速が速くなると起こるという説がある一方で、流速が遅くなると起こるという説もある。なかなか手ごわい研究テーマである。

大蛇行は、まず九州の東岸で小さな蛇行(小蛇行)が発生し、それが東進して遠州灘沖に進むにつれて振幅が大きくなり、かつ進みが遅くなり、ついには停滞することで発生することが多い。このプロセスの解明が鍵であるかもしれない。

◆一八五三・五四年のペリー来航時も大蛇行流路か

一八五三年と翌年、アメリカのペリー提督は江戸幕府に開国を迫るため、艦隊を率いて日本にやって来た。琉球(沖縄)の方から江戸へと向かっているのだが、航海中は一日六回(〇時から三時間おき、ただし六時と一八時を除く)海上の気象や海面の水温、船の偏流の観測を行っている。一八五四年に来航したときの海面水温の分布によると、黒潮の大蛇行を強く示唆したものとなっている。この時の大蛇行がいつ始まり、いつまで続いたかは残念ながら不明である。

(二〇一七年一〇月一一日)

8　黒潮大蛇行と日本の天候
〜「大蛇行」続き　首都圏降雪「やや多い」予報〜

◆今冬は黒潮大蛇行が継続する可能性高い

前回のこの欄で黒潮は一二年ぶりの大蛇行流路となったことを述べた。気象庁は一〇月五日、ウェブサイトに「黒潮の大蛇行関連ポータルサイト」を立ち上げて最新情報を掲載している。

同庁はこのサイトで一一月二〇日、「凌風丸による最新の観測結果」を公表し、同時に「海面水温・海流一か月予報」も発表した。それらによると、黒潮は引き続き大蛇行流路であり、一か月先も継続すると報告されている。すなわち、今年の冬は黒潮が大蛇行のまま経過する可能性が高いのである。

◆一二〜三月は首都圏に寒気が入りやすくなる

気象情報会社のウェザーニュースは一一月二〇日、この一二月から三月までの降雪傾向を発表した。降雪量は広範囲で平年並みの予想だが、「関東甲信や西日本の日本海側では平年よりやや多い」と予想し、「この要因は、一二年ぶりに発生している黒潮大蛇行とラニーニャ現象」であるとする。

同社は、「黒潮大蛇行が冬季まで続いた場合、日本の南岸を通過する低気圧が、首都圏に寒気を引き込みやすいコースを取ることが多くなり、（略）このため、関東甲信は平年よりも雪の降りやすい冬となる」と予想する。

◆大蛇行のときは東にずれた経路を取る

エルニーニョやラニーニャが日本の天候に大きな影響を与えることはよく知られているが、黒潮大蛇行と天候の関係はどうなのだろう。実は、この関係が明らかにされたのは、つい最近のことだ。

日本南岸を北東に進む低気圧の経路を、黒潮大蛇行の有無に分けて統計的に調べたところ、大蛇行のときは非大蛇行のときに比べ、やや沖合に、すなわち東にずれた経路を取ることがわかったのだ。その結果、北風成分が強まり、首都圏に寒気が入りやすくなると考えることができる。

低気圧は温暖前線や寒冷前線を伴っているので実際は複雑であるが、簡略化すればその理屈を以下のように説明できる。低気圧の風は、台風と同じく反時計(左)回りである。したがって、ある地点が低気圧の進行方向の右(東)側か、真ん中か、左(西)側かで、風向きが異なることになる。通過する地点がちょうど中心であれば、最初に東風が吹いて中心が過ぎた後は西風となる。

一方、中心よりも右(東)側の地点は、近づくときは南東の風で、過ぎた後は南西の風というように、常に南風成分を伴うことになる。同様に中心よりも左(西)側の地点は、常に北風成分を持つ風が吹くことになる。すなわち、大蛇行時の低気圧は沖合を通過するため、中心より西に位置する首都圏では常に北風成分を伴う風の場となるのである。

◆南岸低気圧の振る舞いの差は「確率的な事象」

大蛇行の有無による南岸低気圧の振る舞いの差は、統計的に言えることであって、全ての南岸低気圧で必ずそうなる、ということではないことに注意されたい。経路のばらつきは大きく、沢山の事例を集めるとそうなることが多いと指摘されているのである。

(二〇一七年一二月六日)

9　人工衛星による海洋監視 〜赤潮発生の全体像把握や漁場予測にも期待〜

◆「しきさい」がデータ取得開始

宇宙航空研究開発機構(JAXA)は一月一二日、前年の一二月二三日に打ち上げた衛星が初期機能確認のための運用を開始し、種々のデータを良好に取得していることを発表した。

打ち上げ後「しきさい」と愛称を付けられたこの衛星は、気候変動観測衛星(GCOS－C)の一つで、可視光線を中心に一九の波長帯で光(電磁波)を観測する「多波長光学放射計」(SGLI)を搭載している。地上約八〇〇キロメートルの上空を、少しずつ軌道がずれるようにほぼ南北に周回し、二日間で全地表面を、一辺が二五〇メートルの矩形の区画に分けて観測できる。

◆プランクトンの分布を推定

この衛星は、光の放出量が少ない。したがって、暗い海洋を高感度に観測できる能力も有している。

海水中に懸濁物質（海中に浮遊する、水に溶けない固体粒子）が存在したり、光合成を行う葉緑体を持つ植物プランクトンが存在したりすると、他の海域とは異なる色の分布となる。この色の強さを計測することで、懸濁物質や植物プランクトンの分布とその量を知ることができる。

今回公開された画像の中に、関東付近の海域を撮影した画像がある。その画像は、東京湾や利根川河口から房総半島南部の沿岸域が緑色の波長帯で明るく、大量の植物プランクトンが存在していることを示していた。

日本沿岸域では、プランクトンが異常増殖する現象である赤潮が毎年のように発生し、養殖漁業などに大きな被害が出ている。従来、赤潮の発生状況の全体像を把握することは容易ではなかったが、この衛星の登場でそれも可能となることが期待されている。

◆プランクトン分布から漁場予測へ

海洋では、植物プランクンは動物プランクトンに食べられ、動物プランクトンは小形の魚に食べられ、小形の魚はより大形の魚に食べられ…と、食物連鎖が存在している。すなわち、植物プランクトンの分布を知ることは、漁場を推測することにつながってくる。このような観点から、この衛星は漁場予測の把握にも役立てられると期待されている。

この衛星による海洋監視は、主に海色（光）に関するものであるが、そのほかにも海面の高さを測る衛星や、海表面の温度を測る衛星なども打ち上げられている。地表面の70％を占める海洋の全体を監視するためには、これら衛星による計測が無くてはならない手段となっている。日本が打ち上げる地球観測衛星を世界は高く評価しており、今後もこの期待に応えていきたいものである。

（二〇一八年二月二一日）

10　一三二年前の海流瓶
～海洋調査の歴史に漂うロマン～

◆「瓶入り手紙」の最長記録更新

今年三月、『瓶入りの手紙』一三二年ぶりに発見　投入後の期間で世界最長」との報道がなされた。一八八六年六月一二日に、ドイツの小型帆船「ポウラ」からインド洋で投入された手紙入りの瓶が、今年の一月二一日、オーストラリア西部のパースの北にあるウェッジ島の砂浜で発見されたのである。

瓶の投入から発見までのこれまでの最長記録は一〇八年と言われており、今回その記録を大幅に書き換えたのだという。

さて、どうして手紙が入った瓶なのだろうか。この瓶は海水の流れ(海流)を調べるために投入されたもので、学術的には「海流瓶」あるいは「漂流瓶(drift bottle)」と呼ばれている。

瓶の中には、瓶の識別番号または投入された日時と位置が記載された紙が封入されている。手紙には、拾った人に発見の日時と場所を記入し、投入した機関に報告するよう要請する記載がある。すなわち、瓶を投入した日時と場所と、回収した日時と場所から、海水の動きを推測するのである。一九世紀から二〇世紀半ばまで、世界中で行われた海洋調査の一手法である。

◆「咸臨丸」の太平洋横断時にも実施

海流瓶調査は日本でも行われてきた。一八六〇年、勝海舟を艦長とする江戸幕府の軍艦「咸臨丸」が太平洋を横断したが、この時、海流瓶が投入されたとの話が伝わっている。

本格的な調査は、中央気象台(現気象庁)技師の和田雄治(1859-1916)によるもので、一八九〇年代から一九一〇年代にかけて日本周辺で何度か行われた。一九一三年から一九一七年までの調査では、一万三三五七本の瓶が流され、二九九〇本が回収されたという。

これにより日本周辺域の流れの状況が、それ以前より格段に明らかになった。だが、この調査に意義を見出さない反対の立場の人々は、海流瓶調査を「徳利流し」と揶揄したと伝えられている。

◆現在は人工衛星と漂流ブイを利用

その後、漂流ハガキなども開発され、瀬戸内海のような閉鎖海域での物質の拡散の状況を把握するために行うことはあったものの、外洋域ではほとんど行われなくなった。投入と回収の二地点だけの情報であるし、発見されることを期待する受け身の調査で、効率が悪すぎるからである。

現在は、人工衛星で時々刻々と位置を追跡できる漂流ブイを用いている。一九九〇年代から二〇〇〇年代にかけて行われた世界海洋循環実験（ＷＯＣＥ）計画では、何千基もの表層漂流ブイが投入され、世界の表層流が詳しく調査された。

冒頭の一三二年ぶりに発見された海流瓶であるが、これまでどの海域をどのように旅してきたのだろうか。瓶はコルクやふたがなかった状態で発見されたという。あるいは既に岸近くに漂着していたものが何らかの状況でウェッジ島の砂浜に打ち寄せたのかもしれない。このような想像をするのも海のロマンの一つであろう。

（二〇一八年五月二四日）

11　プラごみ問題と日本
〜環境問題先進国として　対応急げ〜

◆マイクロプラスチックがサンゴ生育を阻害

海洋に流出したプラスチックごみ（プラごみ）は、波などの物理的作用や紫外線による化学的作用により、次第に小さな破片となっていく。破片の中で、大きさが五ミリメートル以下のものをマイクロプラスチック（ＭＰ）と呼ぶ。

クジラやウミガメなどが、プラごみを誤飲していることは以前から知られていたが、最近、より小形の魚や貝、そして海鳥などの体内から、多数のＭＰが見つかるようになってきた。ＭＰの表面には、有害化学物質や細菌などが繁殖しており、食物連鎖でひいては人間の健康にも影響があるのではないかと、大きな環境問題となっている。

つい最近、日本の研究チームにより、サンゴと褐虫藻の共生関係がＭＰにより阻害されることが報告された。サンゴは微小な褐虫藻を体内に取り込むことで栄養を得ているが、サンゴが初めにＭＰを取り込んでしまうと、その後褐虫藻を取り込むことができなくなるとの実験結果である。従来、サンゴがMPを餌と間違えて食べているとの報告はなされていたが、MPの存在がサンゴの生育を阻害するとの研究報告は初めてのことだ。

◆アメリカでプラスチック製品の使用禁止相次ぐ

年間一〇〇〇万トンともいわれる大量のプラごみが海洋へ流出している。この事態を受け、アメリカの自治体や企業では、プラスチック製品の無制限の使用を禁止する動きが始まっている。シアトル市では、七月一日以降、市内のレストランでのプラスチック製ストローやフォーク、スプーンなどの提供を禁じる法律が施行された。

この動きは、ほかの多くの自治体にも広がりつつある。欧州連合（EU）でも、一部のプラスチック製品の使用禁止や、プラスチックボトルの回収に数値目標を立てるなどの提案が既になされている。

このような行政の動きを受け、企業による取り組みも加速している。大手コーヒーチェーンのスターバックスは、世界の二万八〇〇〇店舗で二〇二〇年までにプラスチックストローなどの使用を全廃すると宣言した。スターバックスだけで年間一〇億本のストローを使用しているとのことだ。また、いくつかの航空会社でも機内でのプラスチック製品の使用を既に取りやめたという。

◆カナダG7サミットで「海洋プラスチック憲章」議論

六月にカナダで開催された主要七か国首脳会議（G7サミット）では、「プラスチックの製造・使用・管理及び廃棄に関する現行のアプローチが、海洋環境、生活及び潜在的には人間の健康に重大な脅威をもたらすことを認識」した上で、「海洋プラスチック憲章」が議論された。

しかし、日本とアメリカは同憲章を承認しなかった。日本が署名しなかった理由は、産業界との調整が行われていなかったからとされている。日本人一人当たりのプラごみ排出量は、アメリカに次いで世界第二位と言われている。環境問題先進国と自負する日本であるが、ことプラごみ問題については後進国となっている。対応の加速を望みたい。

（二〇一八年八月二二日）

12 継続する黒潮の大蛇行
～地球温暖化が進むと大蛇行は発生しなくなるのか～

◆継続する大蛇行と今後

黒潮は昨年八月に一二年ぶりの大蛇行流路となり、現在もこの状態が続いている。数値モデルを用いた黒潮流路の予測実験からは、ここしばらくはこの大蛇行状態が持続するだろうと予測されている。予測実験は気象庁と海洋研究開発機構（JAMSTEC）とで行われており、今月一〇日に発表された気象庁の日本近海一か月海流予報も、同日に発表されたJAMSTECの向こう二か月間の予報でも、大蛇行流路を取り続けるだろうとしている。

気象庁は、黒潮に限らず海洋に関してさまざまな情報や知識、今後の予測をウェブサイトに掲載している。同庁のホームページの「知識・解説」や「各種データ・資料」の中の「海洋」の項目で、それらを見ることができる。

一方、JAMSTECでは、アプリケーションラボ（APL）が「日本沿海予測可能実験（JCOPE）」を行っており、毎週水曜日にその結果をウェブサイト「黒潮親潮ウォッチ」に掲載している。同サイトでは、さらに黒潮や親潮に関するさまざまな知識や情報を提供している。これらのウェブサイトは上記のキーワードにより、すぐ検索することができる。

◆過去の黒潮大蛇行の歴史

黒潮の時々刻々の状態は、現在、人工衛星による海面高度の資料や水温・塩分の資料、多数展開されているフロートなどの資料から監視できる。しかし、監視体制が整っていなかった過去の状態に対しては、少ない資料から推測せざるを得ない。黒潮がいつ大蛇行流路を取ったのかは重要な情報であるので、過去にさかのぼって明らかにする努力が行われてきた。

そのような資料を総合すると、一八五三年と一八五四年にペリーが来航した頃、一八七五年に初の世界一周海洋観測を行ったチャレンジャー号が来航した頃、また漁師の体験談などから一八九〇年頃にも大蛇行していたと推測されている。

確実に大蛇行の発生と消滅がわかるようになった一九〇〇年から数えると、今回のも含め一一回の大蛇行が起こっている。持続期間の最長は一九三四年から一九四四年までの約一〇年、最短は一九八九年から一九九〇年の一年である。

これらの資料から大蛇行の発生には二〇年周期があると指摘した研究者もいた。しかしながら、一九八五年以降四回の大蛇行が起こっているが、いずれも持続期間は二年より短く、また発生間隔も前回が一四年ぶり、今回が一二年ぶりと長くなってきた。どうしてこのような状態になっているのだろうか、研究者を悩ます問題となっている。

◆地球温暖化と大蛇行の関係

それを説明する有力な説が北太平洋上を吹く偏西風の強弱に伴う黒潮流速の変化である。数値モデルを用いて、意図的に強い偏西風を与えたところ、黒潮の流速が強まり、結果として大蛇行が発生しにくくなった。これは、一種の波と解釈できる大蛇行という黒潮流路の形状が、安定して同じ位置にとどまることができず、下流方向へ流されるためであると理解されている。

地球温暖化に伴い、中緯度の冬季偏西風が次第に強化されていると言われている。今後地球温暖化が進行すれば、大蛇行はますます発生しなくなるのであろうか。今後の推移が注目される。

（二〇一八年一〇月一七日）

13 国連「クリーン・シー」キャンペーン
～海洋プラごみ問題で世界リードを～

◆海洋ごみの縮減に向けた国連の活動

国連環境計画（UNEP）は二〇一七年二月に、海洋ごみ、とりわけプラスチックごみ（プラごみ）を削減するための「クリーン・シー（Clean Seas）」キャンペーンを立ち上げた。二〇二一年までの五年計画で、一回使用すれば廃棄物となるようなプラ製品の削減と、化粧品や洗顔剤などに使われているマイクロビーズと呼ばれる極微小プラ製品の使用を止めることで、海洋汚染を防止することを目的としている。

キャンペーンでは各国政府に、海洋プラごみ削減のための活動の方針と実行計画を作り、その促進に向けた立法措置をとることを要請している。今年六月八日の国際海洋デイまでに、五一か国が参加を表明した。また、民間でもコンピューター会社のデルや自動車会社のボルボなどをはじめとし、多くの企業が協力の意思表示を行った。

◆海洋プラごみが魚の総重量を超える日も

UNEPの報告書によると、二〇一五年の世界のプラ製品生産量は約四億トン、うち36％（一億四〇〇〇万トン）はパッケージング用（容器や包装）であった。これは建設資材や繊維素材よりも多い量である。このうち、約80％がリサイクルや埋め立てられたと見積もられている。残りは投棄された分で、海洋へは一三〇〇万トン流出したと見積もられた。

また、別の資料によると、プラ製品製造のための石油消費量は、二〇一四年は全消費量の６％であったが、二〇五〇年には20％に達するのではないかと予測されている。このため、このまま海洋への流出が続けば、魚の総重量を超えるプラごみとなるのではないかと懸念されている。

◆来年の大阪G20サミットに向け対応の加速を

日本の一人当たりの包装用プラ製品消費量は、アメリカに次いで世界二位である。これまでの我が国の取り組みは迅速とは言えなかったが、それでも少しずつ動き始めたようだ。外食チェーン店の中にはプラ製ストローの使用禁止を、衣料チェーン店の中にはプラ製から紙製の袋への転換を宣言しているところもある。また、千葉県一宮町が、我が国では初めてクリーン・シーキャンペーンに参加したこと、京都府亀岡市がプラごみゼロ宣言を行ったことなどが最近報じられた。

海洋プラごみ問題は、来年二〇一九年六月に大阪市で開催されるG20サミットの議題の一つとなると言われている。これに向けて環境省は、この一〇月に「プラスチック資源循環戦略（素案）」をまとめ、同省が設置している中央環境審議会に諮っている。素案によると、国内では海へのプラごみ流出量をゼロとすることを目指すとし、各国に必要な支援を行い、「世界をリードすることで、グローバルな資源制約・廃棄物問題等と海洋プラスチック問題の同時解決に積極的に貢献」するとしている。サミット議長国の立場を活用して、この問題に対する我が国の意気込みを世界に示してほしいものである。

（二〇一八年一二月二七日）

14 イベント・アトリビューション
～極端現象の発生確率、温暖化有無で検証～

◆二〇一八年の日本の天候

気象庁は昨年一二月二一日に「２０１８年（平成30年）の台風について（速報）」を、この一月四日には「同・日本の天候」をそれぞれ発表した。昨年の冬は西日本（近畿・中国・四国・九州）で三二年ぶりの低温となる一方、夏は西・東日本（関東・中部）ともに記録的な高温となった。特に、東日本では、春も夏も観測史上最高の平均気温であった。

降水量も多く、七月上旬は梅雨前線が活発化し長く日本上空にとどまったことにより、記録的な大雨となった。そのため、土砂崩れや河川の氾濫により人的にも甚大な被害が発生し、この出来事は「平成30年7月豪雨」と名付けられた。

台風の発生数・日本への上陸数・接近数はいずれも過去の平均よりも多く、九月上旬には台風21号が非常に強い勢力で上陸し、四国や近畿地方を中心に暴風雨や高潮による被害をもたらした。関西空港への連絡橋が走錨したタンカーにより破損し、空港が長時間孤立したことは記憶に新しい。

◆異常気象と極端現象

従来、人的被害をもたらすような気象を「異常気象(abnormal weather)」と表現することが多かったが、最近は「極端現象(extreme event)」と呼ぶことが多い。これは、気象庁や世界気象機関が異常気象を「三〇年に一度程度起こる気象現象」と定義しているからである。そのため、気象関係者や研究者は一〇年ほど前から豪雨や熱波などを極端現象と呼ぶようになった。

さて、極端現象が近年増加していることが観測資料から指摘されているが、私たちも実感していると ころではなかろうか。それでは、この増加傾向は進行しつつある地球温暖化のせいなのであろうか。研究者はこの質問に対し、温暖化は数百年にわたる現象であり、集中豪雨などは数日間の現象であるので、直接の因果関係を指摘するのは難しいと答えてきた。

◆極端現象の統計的検証

このような状況を変えたのが、イベント・アトリビューション(event attribution)という考え方(検証の仕方)である。アトリビューションとは「何かに帰属させること」、あるいは「何かのせいにすること」の意味で、極端現象がどの程度の確率で温暖化の下で発生したのかを統計的に検証することである。

数値モデルの精密化とスーパーコンピューターの発展により、多数のシミュレーションが可能となってきた。そこで、注目する極端現象の発生確率が、温暖化の有無でどのように変化するのかを、多数(例えば一〇〇例)のシミュレーションから検討することができるようになったのである。昨年末の報道によれば、東京大学や気象庁の研究グループは、昨年七月の記録的猛暑は温暖化が進んでいなければ発生確率はほぼゼロ%であること、すなわち、温暖化が進行したことによる現象であるとの検討結果を得たとのことである。

(二〇一九年二月二七日)

15　海はフロンティア
～現状把握し将来を予測する　技術の向上が必要～

◆海の研究は宇宙以上の未知なる最前線領域

友人のD・レミック博士（スクリプス海洋研究所）は、海には西部開拓におけるフロンティア（最前線）と同じイメージを持つという。そのため海の研究は、アメリカ人がチャレンジしたくなる研究領域の一つであるのだそうだ。確かに、月を周回した宇宙飛行士は二四人で、うち一二人が月面に降り立ったのに対し、水深一万メートルを超える最深のマリワナ海溝へ潜水艇で潜った人はたった三人のみであり、海底に降り立った人は誰もいない。もっとも、一〇〇〇気圧を超える圧力となるので、海底に降り立つことは今後とも不可能かもしれないが。

この未知なる海は人類の共有財産であり、我が国の海洋基本法が謳うように、人類は海を「知り、利用し、守る」ことが求められている。

◆物理的・化学的変化が海の生態系に大きく影響

かけがえのない海洋であるが、私たちの活動が大きな負の影響を与え始めている。産業革命以降の化石燃料大量消費で二酸化炭素（CO2）などの温室効果気体が増加し、地表面気温が上昇する地球温暖化が顕在化した。

この間、地球が蓄えた熱の90％を超える量が海に入ったと見積もられている。大きな熱容量（熱を蓄える能力）を持つ海であるが、とりわけ表層で著しい昇温となっている。海水の昇温は熱膨張をもたらし、水位上昇の大きな要因となっている。

一方、海は大気中に放出されたCO2の30％程度を吸収している。吸収自体は地球温暖化を緩和しているのであるが、海水が酸性化する要因にもなっている。

これらの温度上昇や水位上昇という物理的変化や、酸性化という化学的変化は、海の生態系にも確実に、そして大きな影響を与える。実際、サンゴの白化現象や死滅など、負の影響が目立ち始めている。将来は水産資源にも大きな変化が出るのではないかと懸念される。

また、近年急激に懸念が増しているのは海のプラスチックごみによる汚染である。とりわけ破砕されてできるマイクロプラスチックは、有害化学物質との親和性が高く、生物の体内に取り込まれ、最終的に人間にまで影響が出るのではないかと心配されている。

◆第三期海洋基本計画に海洋情報把握の強化盛る

国土面積は三八万平方キロメートル（世界六一位）の我が国であるが、排他的経済水域（ＥＥＺ）は約四四八万平方キロメートル（同六位）である。これが、資源小国の我が国が海洋立国を謳うゆえんでもある。

昨年制定された第三期海洋基本計画では、海洋情報把握の強化が盛り込まれた。海洋情報には広範な分野が含まれているが、海の物理・化学・生物学的環境の把握も重要な要素である。海を利用し、守るために、海の現状を把握し、将来を予測する技術の向上が必要である。そのため文部科学省では、二〇一八年度より「海洋情報把握技術開発」プロジェクトを開始した。今後の成果が期待される。

（二〇一九年四月一九日）

第四部　東日本大震災と温暖化、そして海

1　今なお変貌し続ける地球と私たち人類
～自然的進化、そして人為的変化～

一．はじめに

二〇一一年三月一一日の午後、大宮駅から上野駅に向かう東北新幹線の中で、私は未だかつて経験したことのない大きくて激しい、そして長い揺れに遭遇した。マグニチュード9・0という我が国観測史上最大の超巨大地震、「東北地方太平洋沖地震」による揺れであった。この地震は津波を励起し、その津波は東北地方から関東地方の太平洋岸を襲い、多くの人命を奪うとともに、生活と生産の基盤を徹底的に破壊した。さらに、東京電力福島第一原子力発電所の事故をもたらし、原子炉の破壊に伴い大量の人工放射性物質が周辺環境へ漏出し拡散した。このため、この放射性物質の拡散に対して世界中の人々が注目する事態となった。これら一連の出来事で甚大な人的・物的被害が出たことにより、この惨事は「東日本大震災」と名付けられた。復旧と復興は未だ途上であり、震災は現在進行中であるとも言える。超巨大地震の発生以降現在に至るまでも、大小様々な余震が広範囲にわたり頻繁に起こっている。

今年（二〇一三年）の日本の夏の天候は、実に特異なものであった。北陸地方と東北地方を除いた地方の梅雨入りは平年より数日から十日早く、梅雨明けも十日から二週間も早かった。一方、北陸地方と東北地方では、梅雨入りも梅雨明けも平年より一週間から十日も遅かった。二つの地域の間で梅雨明けに大きな時間的開きがあったが、梅雨が明けた後はどの地方も猛烈な暑さに見舞われた。そのような中、八月一二日、高知県四万十市の最高気温が41・0℃となった。この最高気温はこれまでの記録を更新するものであった、加えて四万十市では、四日連続して最高気温が40℃を超えた。これも気象庁の観測史上、初めてのことであった。この猛烈な暑さにより、熱中症にかかって搬送された人が過去最高に達し、亡くなる方も大勢出ている。また、七月の西日本の太平洋岸での降水量は平年のわずか5％と渇水が心配される事態となった。一方で、東日本の日本海側では、一時間当たり数十ミリメートルを超す猛烈な降雨が頻繁に発生し、土砂崩れや浸水などで犠牲者が出る事態ともなった。このような天候となった背景には、全球規模で進行している地球温暖化現象があるのではないかと考えられている。実際、我が国ばかりでなく、世界各地で特異な夏の天候となった地域があることも報告されている。

以下本稿では、まず一昨年の地震を体験し、地球は今なお進化し続けていることをまさに実感したことを述べる。この部分は東北大学大学院理学研究科・理学部広報誌『aoba scientia』(No・17、二〇一一)に掲載した文章に修正を加えたものである。

次に、私自身の研究にも関連していることだが、全球規模で進行しつつある温暖化現象について、IPCC(後述)の活動を中心に述べてみたい。地球温暖化は、人為的な要因による自然環境の変化であり、地球の自然的進化とは異なり、私たち人類が知恵を出し合って総力で今後対応すべき問題であることを述べる。この部分は親鸞仏教センターが発行する情報誌『añjali(あんじゃり)』(No・15、二〇〇八)に掲載した文章に大幅な加除修正を加えたものである。

二．今なお進化し続ける地球

私たちは、マグニチュード9・0の超巨大地震「東北地方太平洋沖地震」と、それによる大惨事「東日本大震災」を経験した。この出来事に対し、多くの方々が様々な思いをもったことだろう。誰かが表現していたのだが、「この間、一番揺れたのは私たちの心」だったのかもしれない。私自身、この出来事以来、多くのことについて考えさせられた。その一つが、私たちが住むこの地球は、現在も変貌し続けている惑星であることを、改めて認識したことである。本稿ではこれについて述べてみたい。

私たちが住むこの地球の元となる天体は、今から四六億年前、太陽周辺に漂う塵が集積してできた。その後、劇的な幾多の変遷を経て、生命を宿し、そして育む惑星へと変貌してきた。この変貌を、「地球の進化（evolution）」と呼んでいる。

現在の固体地球表面は、十数枚のプレートと呼ばれる厚さ一〇〇キロメートル程度の岩盤で覆われている。このプレートの下には、厚さ約三〇〇〇キロメートルのマントルがあり、この層の上部、アセノスフェアと呼ばれる厚さ二〇〇～三〇〇キロメートルの層では、対流運動が起こっている。したがって、その上に乗っているプレートは、この対流運動とともにゆっくりとではあるが常に動いているのである。

北海道・東北地方の東側に位置する太平洋プレートは、南北アメリカ大陸の西側やその沖合で形成され、マントル対流に乗り西側へと拡大している。日本周辺はこの太平洋プレートをはじめとする複数のプレートが複雑に接触している地域である。日本の東北部を乗せる北アメリカプレートの下には、東の方から太平洋プレートが沈み込んでいる。今回の地震は、両プレート間の「固着域（アスペリティとも呼ばれる）」が、東西約二〇〇キロメートル、南北約五〇〇キロメートルもの広範囲にわたり一挙に破壊されたことで起こった。

東北地方太平洋沖で、このような広い領域で一挙に破壊が起こることは想定されていなかったが、世界を見ると、プレート周辺で繰り返しこのような巨大地震が起こったことがわかっている。最近五〇年間にも太平洋プレートの境界で、巨大地震が多発している。世界では、過去五〇年間でマグニチュード8・5以上の巨大地震は九回起こっている。

太平洋プレートと北アメリカプレートとの境界であるアリューシャン列島や千島列島付近で、今回の地震を含め過去五〇年間で五回の巨大地震が発生したことがわかる。三陸沖での計測から、太平洋プレートの移動の速さは、年に約八センチメートルであると見積もられている。

我が国周辺では同じようなメカニズムで、近い将来、東海・東南海・南海の各地震の、単独もしくは複合した発生が懸念されている。この地震がいつ起こるのかの予知・予測は、現在の学問のレベル（知識と技術）ではできないが、いつの日か起こることは間違いないことである。

地球の進化に伴う過程で、今回のように災害をもたらすものは地震だけでなく、たとえば火山の噴火もある。さらには、地球外部からの巨大隕石の落下や他の天体との衝突などもある。このため、恐竜絶滅も含め、過去何度となく生物の大絶滅の出来事を経験してきた。地球は過去にこのような出来事を繰り返し経験し、現在の姿に至っている。そして今からも、同じような道をたどることは間違いのないことである。

ある小説（C・カッスラーとP・ケンプレコス著『運命の地磁気反転を阻止せよ』（上・下）、新潮文庫、二〇一一）に、人為的に地磁気を反転させる陰謀を阻止する話があった。人為的に地磁気を反転させることは荒唐無稽であり得ないことであるが、この地磁気反転は自然現象として、過去には数十万年から数百万年に一度起こっていたことがわかっている。反転時に起こる地磁気消滅現象は、地球から磁気圏が消滅するため、太陽からの粒子が直接地上に降り注ぐことになるなど、人間を含む地球上の生命体に危険や危機をもたらすことは容易に想像できる。

人類は科学と技術を発展させ、巨大なエネルギーを獲得し、利用してきた。しかし、私たちの手でこの地球の進化の過程を変えることや阻止することは、もちろんのことできるものではない。私たちができること、そしてすべきことは、この変貌し続ける地球を今以上に理解し、このような出来事の必然的発生を前提に、防災・減災の対策を講ずることである。抽象的な言い方ではあるが、「進化する地球と共生する社会を作ること」を目指すべきである。言うは易し、行うは難しなのだが。

今回の超巨大地震は、地球がそれまでの状態からさらに進化したことの表れなのであり、私たちがこの超巨大地震を経験したことは、五〇〇年に一度、あるいは一〇〇〇年に一度繰り返している「地球進化の一つの過程に立ち会った」ことなのである。

三．人為的影響により変化し始めた気候

はじめに

地球の環境は、今から四六億年前の誕生以来、外部からの擾乱と地球自身の変動とで、たゆまなく変化してきた。このことは前に述べた通りである。

この長い地球の歴史からみれば、人間の歴史は極めて短い。しかし、人類は知恵と知識により、道具を作り、やがて機械を発明し、そして産業革命を成し遂げた。以後現在に至るまで、社会的・経済的発展は留まることをしらない。

人類はこの過程で、今から二五〇年前の一八世紀半ば以降、石炭や石油などの化石燃料を大量に消費してきた。このため、二酸化炭素をはじめとする

「温室効果気体」が大気中に大量に残存することとなった。産業革命以前の大気中の二酸化炭素濃度は約二八〇ｐｐｍ（ｐｐｍとは、体積で一〇〇万分の一のこと）であったが、二〇一一年には年平均値で三九一ｐｐｍまで増加した。すなわち、この二五〇年間で40％も増加したのである。

一九八〇年代後半、二酸化炭素をはじめとする温室効果気体の増加により、対流圏の気温がすでに上昇しているとの懸念が研究者から指摘された。これに応えるべく国際組織ＩＰＣＣが設立された。ＩＰＣＣとは、Intergovernmental Panel on Climate Changeの頭文字をとった略称で、我が国では「気候変動に関する政府間パネル」と訳されている。なお、「気候変動」と訳されているが、Climate Changeであるので、「気候変化」と訳すのがより適切である。

二〇〇七年二月、「地球温暖化」を科学的に評価するＩＰＣＣ第一作業部会（以下、ＷＧ１と略記）は、「人為起源の温室効果気体の増加により、二〇世紀半ば以降の世界平均気温の上昇のほとんどがもたらされた可能性が非常に高い」と記した第四次評価報告書(以下、ＡＲ４と略記)を公表し、世界中に大きな衝撃を与えた。この間続いている地表面気温の上昇は、自然それ自身が持つ変動では説明できず、非常に高い確率(90％以上)で人為的なものである、と公表したのである。

この公表以来、マスコミは温暖化問題にそれまで以上に大きな関心を示し、温暖化問題が取り上げられない日がない事態となった。そして温暖化問題は、国際的にも国内的にも政治的重要課題となり、また、政策論争の一つともなってきた。

私は、このＡＲ４の作成に、執筆者の一人として参加した。そしてＡＲ４の公表以後、マスコミからコメントを求められたり、報告書の中身を紹介する講演依頼を幾度となく受けたりしている。そのような中で、必然的に、温暖化が進行する中での私たちの生き方について考えさせられている。

今年二〇一三年は、ＡＲ４の公表以来六年目であり、この九月下旬にＷＧ１の第五次評価報告書（ＡＲ５）が公表されることになっている。本稿執筆時点ではその内容の詳細が不明であるので、ＡＲ４までの情報で、以下記述する。

IPCCと温暖化研究

IPCCは、一九八八年に世界気象機関(WMO)と国連環境計画(UNEP)の二つの組織の下に設置された国連の機関である。温暖化が顕在化し始めているのではとの懸念から、その任務は、「二酸化炭素等の温室効果気体の増加にともなう温暖化の、科学的・技術的、社会・経済的評価を行い、得られた知見を、政策決定者(行政や政治に携わる人々)をはじめとし、広く一般に利用してもらうこと」である。三つのWG(ワーキンググループ、作業部会)と一つのタスクフォース(特別調査チーム)、事務局から構成されている。

IPCCの具体的な仕事は、公表されている学術文献を精査し、現在得られているもっとも確からしい知見をまとめ、公表することである。温暖化研究を直接行うことではない。したがって、公表されたレポートを「評価報告書(Assessment Report)」と呼ぶ。これまで、一九九〇年(第一次:FAR)、一九九五年(第二次:SAR)、二〇〇一年(第三次:TAR)、そして、二〇〇七年(AR4)と、五〜六年おきに公表されてきた。

AR4の具体的な準備は、二〇〇四年秋から始まった。三つのWGの執筆者は、世界各国から集まった約五〇〇名の研究者(我が国からは三一名)である。各WGでは、執筆者が一堂に集まっての会合を世界各地で四回開いた。評価報告書の原稿は、数千名に上る査読者からの意見をもとに、最終稿にいたるまで三回書き直されている。気候変動に関連する諸分野の研究者が、総力を挙げて評価報告書を作成したといっても過言ではない。

IPCCのノーベル平和賞受賞

ノーベル財団は二〇〇七年一〇月一二日、二〇〇七年度のノーベル平和賞を、IPCCと米国前副大統領A・ゴア氏に授与すると発表した。IPCCの受賞理由は「人間の活動と温暖化の関連性について共通の認識を作った」ことである。そして、「気候変動は紛争と戦争の危険を増大させる」との立場から、一連のIPCCの活動はノーベル平和賞に値すると判断したものである。

今回の評価報告書AR4で、現在進行中の温暖化は人為的要因によると証明されたと言えるのではなかろうか。温暖化の研究の歴史に対し、米国の科学史家、S・R・ワートは、『温暖化の〈発見〉とは何か』(みすず書房、二〇〇五)の中で、次のように表現している。

「一八九六年、孤独なスウェーデン人科学者(筆者注：S・アレニウスのこと)が地球温暖化を発見した―理論上の概念として。

一九五〇年代、カリフォルニアの少数の科学者(同：R・R・レベーレ、H・E・ジュース、C・D・キーリングらのこと)が地球温暖化を発見した―起こりうる出来事として、遠い未来にもしかしたら生じるかもしれない危険として。

二〇〇一年、世界中の何千人もの科学者を集めた並外れた組織(同：IPCCのこと)が地球温暖化を発見した―すでに天気にはっきりとした影響を与え始めていて、さらに悪化しそうな現象として。」

ワートは、二〇〇一年のTARをもって三回目の発見としているが、先に記したように、私自身は二〇〇七年のAR4を挙げたい。

私は、執筆者の一人として、IPCCのノーベル平和賞を素直に喜びたい。今後は予測の精度向上が焦点となるが、この受賞で温暖化に対する理解が深まり、温暖化研究に対するこれまで以上の支援につながるであろう。そして、温暖化抑止に対する議論と具体的な行動が、これまで以上に広範囲になされることも期待できる。しかし、この受賞は、温暖化問題の深刻さの現れでもある。

なお、AR4の公表後の二〇〇九年一一月、AR4の内容に関する疑惑事件が持ち上がった。AR4執筆において中心的な役割を演じた英国の研究者が所属する大学のサーバーから、ハッカーにより何千通もの電子メールが流出する事件が起こったのである。研究者のメールの表現から、データのねつ造をうかがわせるような意味に解釈できるところもあり、ウォーターゲート事件ならぬ、クライメイトゲート事件と呼ばれる事態となった。その後、公的機関の調査などでねつ造等の不正はなかったとの結論が得られた。また、この他、査読(レビュー)のない資料からの不適切な引用や誤った引用なども指摘された。このようなこともあり、「温暖化懐疑論者(地球は温暖化していないと主張する人たち、もしくは温暖化が起こっていたとしても温室効果気体とは関係ないと考える人たち)」のグループから、これらは格好の攻撃材料となった。ＩＰＣＣ側も、このような議論や疑惑を招かないように、今後の作業では細心の注意を払うことが必要であるとのコメントを出している。

ここで個人的な感想を書くことを許していただきたい。疑惑のメールを書いた研究者は、一九八九年一一月に仙台で開催された気候変動と水産に関する国際シンポジムにおいて、私とともに基調講演をした方である。友人と呼ぶほど親密ではないが、その後の国際シンポジウムやＡＲ４作成の会合で、会えば挨拶をする間であった。その研究者はとても控え目で、いつも冷静に言葉を選んで話す態度に、私は好感を持っていた。この疑惑報道があっても、私自身はその研究者の潔白を信じていたし、また、最終的に疑惑が晴れたことを嬉しく思っている。

温暖化は南北問題

一九六〇年代から七〇年代にかけて、我が国では水俣病やイタイイタイ病などの「公害」問題が顕在化した。「公害」という呼称の是非はともかく、公害問題では、原因となった企業と被害者が明確に区別できた。ところが、温暖化問題を含む環境問題では、私たち自身が加害者であり、そして私たち自身が被害者でもある、という構図となる。意識するしないにかかわらず、私たちが日常生活を営むこと、それ自体が原因の一端を作るという意味で加害者であり、そして同時に被害者ともなっているのである。

しかしながら、世界に目を向けると、この見方も短絡的であることがわかる。今回のＡＲ４の公表に際し、先進諸国に追いつこうとしているいくつかの国々が、温暖化は人為的という結論に対して強く異議を唱えた。今後、必然的に温暖化対策で要求される化石燃料消費の抑制は、自国の経済発展を阻害するものと捉えたのである。そして、温暖化は、先進諸国の長年の化石燃料消費が原因なのであるから、削減の努力は先進諸国こそが率先して行うべきであるという理屈である。さらに目を転じてみよう。進行しつつある温暖化により、海水位は次第に上昇している。ＡＲ４では、世界の平均海水位は、二〇世紀期間中に一七センチメートル上昇したと評価された。さらに、上昇の速度も次第に大きくなり、一九九〇年代半ば以降では、一年あたり三ミリメートルを越していると見積もられている。この海水位の上昇により、太平洋の環礁諸国ではすでに大きな被害を受けている。例えば、平均海抜高度一・五メートルである南太平洋の小さな島国ツバルでは、海水が川を遡上し、畑の土壌も塩化し、農作物の育成が阻害されているという。

ツバルの人たちは、これまで化石燃料を大量に消費することなく、自然と共生し、つつましく生きてきたのである。海水位のさらなる上昇が続けば、近い将来、国は海面下に没するであろう。そのため、国民の他国への移住が、すでに日程に上っているともいう。このような状況のもとで、私たちはツバルの人たちにどのような責任が取れるというのだろう。

このような例は、ツバルに限らず多くの地域に見ることができる。北極圏のイヌイットの人たち、ヒマラヤの山岳民族の人たちなど、地球上の至るところで、悲鳴が上がっている。一方で、先進諸国の人たちは、皮肉なことにエアコンに代表されるように「力づくで」、すなわち膨大なエネルギーをさらに費やすことで温暖化の影響から避難しているのである。

それでは、温暖化を抑止するために、私たちに何ができるのであろうか。

ボトムアップとトップダウン

温暖化を止めることは、とりもなおさず温室効果気体の排出を抑制することである。そのためには、「ボトムアップ」と「トップダウン」の双方の施策が等しく必要となる。ボトムアップの施策とは、私たち一人ひとりが、可能な限り温室効果気体排出抑制のための努力をすることである。一方、トップダウンの施策とは、化石燃料に大きく依存している現行の社会システムを、太陽光発電や風力発電など、再生可能なエネルギーを主に使用するような社会システムへと早急に転換することである。

現在、新聞やテレビなどのマスコミの論調では、前者に重きが置かれているきらいがある。実際、「あなたもできます、温暖化対策！」「温暖化対策！　今はじめよう、あなたの身の回りから！」のようなキャッチコピーで、一人ひとりの自覚を促す論調が多い。言うまでもなく、これは大事なことである。しかし、限界があることも確かなのである。温室効果気体を数十年後に半減するなどの目標達成には、ボトムアップの施策はまったく不十分な効果しか生まない。目標達成のためには、どうしてもトップダウンの施策が必要なのである。

私自身、電気エネルギーの消費抑制のために、六年前の二〇〇七年、白熱電球を蛍光灯に取り替えたり、電化製品の待機電力を止めたりした。その結果、使用電力量がそれまでと比べ一五％程度節約できた。これまで随分と電気を無駄に使用していたと思うとともに、消費量半減へは遠い道のりであることも実感した。一人ひとりの身の回りにおける努力は、大変重要であるし行うべきことであるが、残念ながらそれだけでは、温室効果気体排出抑制の問題を解決できないことも確かなのである。

原子力発電について

以下の文章は、本稿の元となった二〇〇八年に発行された情報誌「añjali」（親鸞仏教センター）に書いた文章そのままである。手を加えることなく、ここに転記したい。

原子力発電は切り札か

我が国も含めて、世界中の多くの国々が温暖化対策の切り札の一つと考えているものに、原子力発電がある。一時は原子力発電離れしていたヨーロッパ各国も、原子力発電利用へと急速に回帰している。しかし、私自身は、温暖化対策として原子力発電に頼ることは間違いではないかと考えている。

いくつかの理由を挙げたいが、その一つ目は、原子力発電は未だ確立した安全な技術ではないことである。この中には、放射能漏れとその人体への影響の問題や、そして、人間は必ずミスを起こしてしまう、ということも含めている。二つ目は、原子力発電はエネルギー的にも経済的にも割が合わないからである。原子力エネルギーを使用すれば、化石燃料の消費を抑えることができる、というのも疑問である。発電所の建設、燃料となるウランの掘削、その運搬と濃縮、そして廃棄物や廃炉の処理など、膨大な化石燃料を使わなくては、原子力発電を維持できない。実際、原子力発電のコストは、化石燃料のそれと大きくは変わらないのである。そして、三つ目は、その役目を終えた廃炉の管理がある。放射能レベルが安全になるまでに、少なくとも数百年（高レベル廃棄物では数万年）以上もの長い間、半永久的とも言えるほどに、廃炉を適切に管理しなければならない。特に我が国は、大きな地震が繰り返し起こる地域に位置するので、廃炉の管理は後世に回す大きなツケなのである。

　既存の五十基を超える稼動原子炉の廃止を主張するものではないが、これ以上の原子力発電所の建設には反対したい。私たちはすでに、ツケを回しているのであるが、現在の私たちの生活水準を守るためとして、さらにこれ以上のツケを後世に回したくないものである。

　執筆した二〇〇八年当時、随分勇気をもってこの文章を記したことを、今でも思い出す。実際、当時の市民の方に対する地球温暖化の講演などで、「原子力発電へのコメントはしない方がいいですよ」と忠告してくださった方もいた。あの頃は、世界中の人が「原子力発電は地球温暖化抑制の切り札になる」との考え方になっていたからである。

　しかしながら、その後「東日本大震災」を経験した。そのため、多くの国民は原子力発電所の再稼働に疑問を持つ事態となった。電気エネルギーを原子力発電に依存すべきかすべきでないか、現在も議論は続いているが徹底的に行ってもらいたいと思う。私自身は、原子力に代わるエネルギーをどのように獲得するのがもっとも適切なのか、未だに判断できていないものの、それでも、一刻も早い原子力エネルギー依存からの脱却が必要だとは考えている。

おわりに

　地球温暖化問題は、極めて「グローバル（全世界的）」な問題である。地球上の生きとし生けるものすべてが影響を受けるという意味で、かつて経験したことのない厄介な問題なのである。

　温暖化問題に限らず、酸性雨などの環境汚染をはじめとするさまざまな問題が叫ばれているなか、私はときどき「死に急ぐ人類」などと思えてしまう。行きつく先を知りつつも、人類は破滅に向かって急ぎ足で進んでいるように思えるからである。

　しかし、諦めはもっともいけないことであろう。ここが、踏ん張りどころ、知恵の出しどころ、と考えるべきなのであろう。このような状況を作り出したのが私たちであれば、解決するのも私たちであり、解決できるのも私たちしかいないのだと。

いずれにしても、私たちは、もっとゆっくりと歩きながら考えることが必要ではなかろうか。どのような文明が、それが大げさであれば、どのような生活スタイルが、私たちにとって望ましいのかと。

【参考文献】

花輪公雄、二〇〇八：温暖化と私たち、anjali（あんじゃり）、No・15、二―五（二〇〇八年六月発行）。

花輪公雄、二〇一一：地球進化の一つの過程に立ち会った私たち。aoba scientia、No・17、一（二〇一一年一一月発行）。

S・ワート、二〇〇五：温暖化の〈発見〉とは何か、増田耕一・熊井ひろみ共訳、みすず書房、二六二ページ。

（注）

この文章は、社団法人日本学士会機関誌『ACADEMIA』一四二号（二〇一三年一〇月発行）に掲載されたものである。元原稿では、三枚の図を使用していたが、再録にあたり図を使わない記述とした。

2　大震災と原発事故による
海洋の生態系撹乱と放射能汚染

二〇一一年三月一一日(金)午後二時四六分、宮城県東方沖を震源とする「東北地方太平洋沖地震」が発生した。地震の大きさを表すマグニチュードは9・0、我が国観測史上最大の超巨大地震であった。世界的にも、観測史上第四位という大きさである。

この地震による大きな揺れと、この地震によって励起された巨大津波は、東北地方から関東地方の太平洋沿岸を襲い、一万九〇〇〇人にも及ぶ多くの尊い命と、生活と生産の基盤を完膚なきまでに奪い去った。さらに、この揺れと津波により、東京電力福島第一原子力発電所(以下、「原発」と略記)の1号機から4号機までの各炉は制御不能の状態となり、結果的に大量の人工放射性物質が周辺環境へと放出された。

私の研究分野は海洋物理学である。海洋物理学は、海洋の水温や塩分、流れの分布を調べ、その時間変動を記述し、その変動のメカニズムを明らかにする学問分野である。私はその海洋物理学の中でも、気候変動における海洋の役割の解明を研究テーマとしている。

私の学外における主な研究活動の場は日本海洋学会である。私は昨年、二〇一一、一二年度の日本海洋学会(以下、「海洋学会」あるいは「学会」と略記)の会長を務めた。学会は、春と秋の二回、研究発表のための大会を開催しているが、二〇一一年度春季大会は三月二二日から二六日までの予定で、東京大学柏の葉キャンパス(千葉県柏市)にある大気海洋研究所において開催することになっていた。しかしながら、その当時、震災の影響で関東地区では計画停電が予定されていたことや、参加できない学会員が多数出ることが予想されること等を考慮し、三月一四日(月)に東京で開いた学会幹事会で大会中止を決めた。学会長として初めての決断がこの学会中止であった。

大震災以降、私たちの研究対象である海洋も、原発事故により放出された人工放射性物質で汚染されたこと、津波により多くの沿岸域で生態系が破壊されたことなどが分かってきた。このような中で、海洋研究者として何ができるのか、何をすべきなのかという問いが、学会員一人ひとりに突き付けられた。本稿では、この東日本大震災と原発事故への対応について、私個人や学会が何をしてきたのかを振り返りつつ、東日本大震災からの復興と再生への提言を行いたい。

なお、本稿は、環境技術学会から依頼されて寄稿した「東日本大震災と海洋研究者の活動―日本海洋学会の取り組み―」（花輪、二〇一二）を修正し、「この間海洋研究者を駆り立てたものは何か」以降は、本稿のために新たに執筆した。

日本海洋学会の概要

私が所属する日本海洋学会は、一九四一（昭和一六）年に創立された今年で七一周年を迎える学会である。現在、会員数は約一九〇〇名で、内一〇〇名程度は海外の研究者である。海洋に関する学問分野は、「海洋科学」あるいは単に「海洋学」と呼ばれているが、基礎となる学問分野でさらに分ければ、物理学的手法で海洋を理解する海洋物理学、同様に海洋化学や海洋生物学などに大別できる。日本海洋学会は、海洋学に関する我が国最大の学会である。なお、海洋学は、気象学や地震学、火山学等と同じく、地球科学や惑星科学の一分野を担っている。そのため、本学会は我が国のこの分野の学会連合である日本地球惑星科学連合に加盟している。

学会の運営には、会長・副会長と幹事一三名の計一五名からなる幹事会が当たっている。日常的な事務は学会事務を専門に行っている業者に委託している。幹事会は、三月に二回の他、奇数月に開催するので、一年に七回開催される。幹事会の下には、三つの学術雑誌編集委員会、選挙管理委員会、三つの賞選考委員会などの業務委員会が置かれている。また、沿岸海洋研究会、教育問題研究会、海洋環境問題研究会の三つの研究会が設置されており、それぞれ、研究会独自の事業も行っている。

本学会が行っている主な事業を以下に列記しておく。（一）春と秋の年二回の研究発表会の開催。春は首都圏で、秋は地方で行うことが慣例。毎回四〇〇名から六〇〇名が参加。（二）定期学術出版物の発行。英文論文誌「Journal of Oceanography」、和文論文誌「海の研究」、ＪＯＳニュースレターの三誌。このうち英文・和文論文誌は年六回の発行で、完全電子ジャーナル化されている。ニュースレターは現在年四回の発行。将来、年六回に拡大する予定。(三)顕彰事業。賞として、学会賞、岡田賞、宇田賞、日高論文賞、奨励論文賞、環境科学賞がある。(四)不定期であるが教科書や一般向けの解説書などの学術書の発行。(五)これも不定期であるが、学術講演会・シンポジウムの開催。

震災対応ワーキンググループ設置の経緯

昨年(二〇一一年)三月中旬、地震後に起こった原発事故当初より、海洋へも人工放射性物質を含む水が流出しているのではないかとの懸念があった。三月末になって、原発敷地内海側のトレンチ(溝)から高濃度の人工放射性物質で汚染された水が、沿岸海域へ流出していることが明らかとなった。さらに、四月上旬には、原発内に蓄えられていた低濃度汚染水約一万三〇〇〇トンが意図的に海洋へ投棄された。この行為は、事前通告がなかったなどと、諸外国から大きな非難が沸き上がった。このような状況が次第に明らかになる中で、学会員有志六名の働きかけにより、四月一四日(木)に、東京大学本郷キャンパス内において「震災にともなう海洋汚染に関する相談会」が開催された。一〇〇名を超える参加者があり、活発な意見交換が行われたという。なお、この会には、私自身は参加していない。この議論をもとに、「震災をともなう海洋汚染に関する相談会からの提言」がまとめられ、海洋学会に提出された(正式な提出は四月二四日(日))。その趣旨は、海洋科学の専門家の集まりである学会は、積極的に人工放射性物質の海洋拡散の把握などに関し、早急な対応を取るべきである、というものであった。

相談会が行われた翌日の一五日(金)、学会幹事会が開催された。この幹事会は三月一四日に行われた幹事会で設定されていたものである。この幹事会で、前日の相談会に参加していた幹事から議論の内容が報告された。幹事会の討議の結果、直ちに「震災対応ワーキンググループ」(以下、WGと記す)を設置することを決めた。

幹事会は、このWGを学術誌の編集委員会や選挙管理委員会などと同様、幹事会の下に置く「運営業務組織」の一つとして位置付けた。このような形で

WGを設置した背景には次のような考え方があった。学会は任意団体であり、形式的な審査はあるとはいえ、学会費を納入すれば学会員となることができる。すなわち、学会は、多様な意見を持つ人たちの集合体である。このような団体が、速やかに意見を集約し、学会名で情報を発信することが可能なのだろうか。論理的に可能ではあっても、多くの手続きと時間を必要とすることは容易に想像できる。すなわち、学会全体で動くことは、迅速な対応が求められる緊急時にはそぐわないであろう。そこで、WGを幹事会の下に置き、WGの名前で行動し、そしてWGの名前で情報を発信することとしたのである。そのため、WGへの参加者は登録制とし、WGメンバーは外から見えるような形にしたのであった。このようなWGの設置の仕方は、苦し紛れの措置であったとはいえ、結果としてうまく機能したのではなかろうか。

WGの設置を受けて、四月一八日(日)に、「東日本大震災と原発事故に関する日本海洋学会の活動について」と題する学会長名の声明を公表した。声明では、「学会の総力を結集し、海洋環境の現状把握と将来予測に関して、情報の収集とその発信、そして提言や調査研究計画の組織化を通じて、震災対応に取り組む社会への貢献を目指すことをここに宣言いたします」と謳っている。この声明は、声明前文とともに、学会ウェッブサイトに設けられた「東日本大震災関連特別サイト」に掲載された。この特別サイトは、これ以降、WGの活動を公表する舞台となる。

当面の間、WG会合を月一回程度、東京地区で開催することとし、第一回会合を四月二二日(金)に東京海洋大学品川キャンパスで開催した。メンバーの活動は完全なボランティアであり、学会からは遠隔地のメンバーへの旅費の支給も行っていない。メンバーは、当初一五名の幹事会構成員に一〇名の学会員であったが、後に参加したいと申し出た会員もおり、最終的に二七名で活動している。

四月二二日に開催した第一回会合では、機能別に五つのサブWGを設置することとした。①観測・監視サブWG、②分析・サンプリングサブWG、③数値モデリングサブWG、④生態系サブWG、⑤広報・アウトリーチサブWGである。各サブWGでは世話役を決め、具体的な活動はサブWGに任せることとした。また、サブWGでは、学会員に限らず、活動に賛同する適切な方がいれば自由に活動に参加してもらうこととした。サブＷＧは数名から十数名の規模で、電子メールでのやり取りや、適時会合を開いて議論している。また、ＷＧは、二〇一一年度中は毎月一回、二〇一二年度は二か月に一回の割合で開催している。

震災対応ワーキンググループの活動の概要

ＷＧの現在(二〇一二年七月半ば)までの活動を紹介する。紹介に当たっては、サブＷＧごとに、時間を追って紹介するやり方や、活動を幾つかのカテゴリに分けて紹介するやり方があるが、本稿では後者のやり方で記す。

(一)行政への提言

この間、特に文部科学省(以下、文科省と略記)を意識して行政に対し、三つの提言を行った。

一つ目の提言は、「福島原子力発電所の事故に起因する海洋汚染モニタリングと観測に関する提言」(提言主体は観測サブＷＧ)と題するもので、二〇一一年五月一六日付で公表された。海洋の放射能汚染のモニタリングは文科省が所掌しており、原発三〇キロメートル圏外のモニタリングは二〇一一年三月二三日から開始された。海洋における物質の移流拡散(移動し広がっていくこと)は素早く、時間が経つにつれ広範囲に分布することになる。そこで、五月には汚染海域が既に当初設定したモニタリング海域を越えて広がっていると判断されるので、対象海域を拡大すべきであるとの提言である。文科省側でも同じような検討をしていたのだろう、ほぼ提言公表の時期と同じくして海域を広げたモニタリングを開始した。

二つ目の提言は、「福島第一原子力発電所事故に関する海洋汚染調査について」(提言主体は震災対応ＷＧ)と題するもので、七月二五日付で公表された。五月以降のモニタリングは、広海域で行われていたが、以前として分析は緊急時対応の簡易測定であった。そのため、検出限界はヨウ素一三一、セシウム一三四、セシウム一三七などで、およそ海水一リットル当たり五〜一〇ベクレルである。そのため、モニタリング結果は、ほぼすべてのサンプルで「ＮＤ」として公開された。ＮＤとは「Not Detectable」の略で、検出限界値以下の濃度であったことを示している。NDの発表は、検出限界以下の低濃度という安全・安心のメッセージは伝わるものの、海水が汚染されていないこととは全く異なるものである。たとえ低濃度であっても、高精度分析法を導入して値を出すことは、放射性物質の拡散の状況、海洋生物への取り込みによる移動を考える場合、極めて重要である。このような観点から、高精度分析の必要性を訴えたのがこの提言であった。なお、この提言には、海洋学会は技術的な面で協力することはやぶさかでない旨も表明している。この提言内容も後に実現することとなった。

三つ目の提言は、「東日本大震災による海洋生態系影響の実態把握と今後の対応策の検討」(提言主体は生態系サブWG)と題するもので、九月八日付で公表された。津波の被害は、陸上のみならず海域でも甚大であった。大量の土砂やがれきが移動し、ある沿岸域では土砂に埋もれ、ある沿岸域では海底付近の堆積物が一掃されて岩石がむき出しとなった。その状態はどこも同じということではなく、海域ごとに大きく異なるものであった。このような海洋生態系の損傷の実態を調査し、そこからの回復過程を観察すること、さらに一歩進んで回復を手助けする施策を施すことは、東北地方の豊かな海を取り戻すためにも重要なことである。この提言では、影響調査において重要となる様々な観点をまとめた。

結果的にこの提言も、文科省が進める「東北マリンサイエンス拠点形成事業」で実現することとなった。この事業は今年（二〇一二年）一月から正式に始まり、今後一〇年間継続されることになっている。この事業は、津波被災地に研究所を持っていた東北大学と東京大学、そして外洋・深海域における海洋生態系研究に高い実績を持つ海洋研究開発機構の三機関が中心となり、他の多くの大学や研究機関などと共同して進められる。また、この拠点形成事業の一環として、現在海洋研究開発機構に所属している学術調査船「淡青丸」の後継船が建造されることが決まった。一六〇〇トンクラスに大型化された最新鋭の研究船が、二〇一三年度に竣工することになっている。

(二)ウェッブサイトによる情報発信

既に記したように、学会のウェッブサイトに「東日本大震災関連特設サイト」を設け、このプラットホームを利用し、適時様々な情報を掲載してきた。提言全文もこのサイトに掲載されているので、関心のある方はご覧になっていただきたい(日本海洋学会「東日本大震災関連特設サイト」のURL:http://www.kaiyo-gakkai.jp/sinsai)。

観測・監視サブWGは、研究航海情報のまとめを三回にわたって公開した。どの観測船が、どの海域に、どのような目的で、いつ航海するのかの情報である。このような情報があると、興味を持った研究者が新たにその航海へ参加することが可能となる。また、「ついでにこのサンプルを取って来てほしい」などのリクエストをすることもできる。あるいは、似たような航海のダブリを解消することや、連携した航海を組むこともできる。

分析・サンプリングサブWGは、放射性物質分析マニュアルを作成して公表した。海水の低レベル放射能濃度の計測は、ほんの少数の機関が継続して分析してきていたが、必ずしもよく知られた分析手法ではない。そこで、装置を持っている機関が精度よく計測できるよう、マニュアルを作成した。

また、数値モデリングサブWGは、各機関で公表している放射性物質の海洋での移流拡散予測実験結果に対して、どのように解釈すべきかなどの解説記事を公表した。数値モデルも多種多様であり、モデルによって得意なところ不得意なところがある。また、予測計算の前提となっている放射性物質の放出が時間的にどのように行われたかなど、不確定のところがあるので、解釈には注意を要することなどの情報が述べられている。

海洋中の放射性物質の移動、特に生物への取り込みについては、まだまだわからないことが多い。そこで、会員がその分野を専門とする会員・非会員へ質問して回答を得る形式で、海洋中の放射性物質の挙動等に関するQ&A「種々の疑問に関する専門家の意見」も公開した。

フランス放射線防護原子力安全研究所(INRS)は、「福島第一原子力発電所での事故による放射性物質放出の海洋への影響」(二〇一一年五月一三日付改訂版)を公表した。震災対応WGでは、匿名ボランティア団体とともに日本語訳を作成し、補足説明も加えて公表した。

その他、関連論文や出版物の紹介、シンポジウムや集会の報告など、特設サイトを利用して多様な情報を発信してきた。

(三) 会員による観測調査研究

海洋の放射能汚染の実態把握は、主には文科省が担当している。しかしながら、広い海洋のこと、それだけでは不十分である。可能な限り多くの地点で、高頻度での観測が行われることが望ましい。分析・サンプリングサブWGは、行政主導ではない、研究者独自の発想による観測・監視によるサンプルの取得状況や分析処理状況をまとめている。今年一月六日でまとめた取得サンプル数は、海水、海水中を浮遊する粒子、魚やプランクトンなどの生物、海底堆積物、大気、合わせて二四三六に上る。このサンプル数は、行政が得ているサンプル数の倍以上の数にあたる。また、この時点で処理したサンプル数は七六五であり、三分の一以下にとどまっている。サンプル取得はその後も続いており、現在優に三〇〇〇サンプル以上に達しているものと考えられる。

ところで、海水の放射能濃度は時間の経過とともに希釈されるので、急激に低下する。そのため、精密分析を行う必要があり、結果として計測には長い時間を必要とする。我が国では、放射能に汚染された地域にある研究機関では、バックグランドの放射能濃度が高いため計測が困難となっている。そこで本学会では、低濃度放射能測定に定評がある欧州委員会「基準物質・計量研究所(ＩＲＭＭ)」に対し、昨年一〇月一九日付の手紙で、サンプルの分析を要請した。その結果、一一月一〇日付で喜んで協力する旨の回答があった。現在、六〇サンプルをＩＲＭＭのあるベルギーへと送付している。

これら会員独自のサンプル取得と放射能濃度計測は、海洋内で放射性物質が時間とともにどのように移動し拡散したかを考察する大きな拠り所となる。今後、分析が進むにつれてこの全貌が明らかになるものと期待している。

(四) 広報・アウトリーチ活動

既に記したように、本学会の活動や、私たちが提供できる、あるいは私たちしか提供できない情報を、広く多くの方に知ってもらうため、「東日本大震災関連特設サイト」を開設した。このウェッブサイトの管理やシンポジウム開催などを行うのが広報・アウトリーチサブWGである。

九州大学で行われた昨年秋の学会ではナイトセッションで、筑波大学で行われた今年春の学会ではシンポジウムで、それぞれ、主に学会員向けに震災対応WGの活動を報告し、今後の行うべき活動に対して会員の意見を求めた。また、昨年一〇月一五日には、東京海洋大学と共催で、同大学品川キャンパスにおいて一般向けシンポジウム「海から見た東日本大震災」を開催した。このシンポジウムには一五〇名程度の参加者があり、熱心な討議が行われた。

また、財団法人日本科学技術振興機構(JST)主催の「サイエンスアゴラ二〇一一」の期間中の一一月一九日に、「東日本大震災後の海洋汚染の広がりとその影響」と題するシンポジウムを開催した、講演に続くパネルディスカッションでは、二名の非専門家の方を招いて「海洋環境保全・防災にかかわる監視・調査・研究の今後」と題して意見交換を行った。荒れた天候にもかかわらず本企画にも一〇〇名を超える参加者があった。なお、この企画は、主催者により「サイエンスアゴラ賞」の「サイエンス対話部門」を受賞することとなった。

このようなシンポジウム開催の意義は、私たち専門家の知見や情報を一般の方々に分かりやすく伝えるということもあるが、それ以上に、一般の方々がどのような知識や情報を求めているのかを知る絶好の機会となることである、と私は考えている。研究者が独りよがりにならないためにも、シンポジウムなどで市民の方々の意見を聞くことはとても重要なことである。

(五) NHKとの共同活動
—「NHKスペシャル」の制作—

震災対応WGは、NHKからの依頼を受け、NHKとの共同で、昨年一一月から一二月にかけて、原発二〇キロメートル圏内の海洋放射能汚染調査を行った。二〇キロメートル圏内の海域を、原則五キロメートルメッシュで、海水、海泥、魚・プランクトンなどを採取した。原発二〇キロメートル圏内でこのような包括的な観測をしたのは、原発事故以来、初めてのことであった。この観測などをもとに、NHKスペシャル「シリーズ原発危機　知られざる放射能汚染～海からの緊急報告～」が制作され、今年一月一五日(日)に放映された。この番組は、視聴者から大きな反響があったという。この共同観測に至った経緯、苦労話など、この間の事情を番組ディレクターの池本端氏が、日本海洋学会ニュースレターに寄稿しているので参考にされたい(池本、二〇一二)。

この番組は、後に高く評価されて、幾つかの賞を授与された。公益財団法人日本科学技術振興財団からは、第五三回科学技術映像祭、自然・くらし部門「最優秀賞」ならびに「内閣総理大臣賞」(全部門を通じての最優秀賞)が、公益財団法人放送文化基金からは、第三八回放送文化基金賞、テレビドキュメンタリー番組「優秀賞」が、放送批評懇談会からは、第四九回ギャラクシー賞、テレビ部門「選奨」が授与された。

なお、この原発二〇キロメートル圏内の観測によって得られた知見は、後日学術論文として出版公表されることになっている。

この間海洋研究者を駆り立てたものは何か

会員からボトムアップで相談会が開催され、そして震災対応WGが設置され、活発に種々の活動が行われてきた。海洋の研究者をこれまでの活動に駆り立てたものは何であったのだろうか。端的に言えば、「一連の活動は『放射能汚染加害国の海洋研究者の責務』として認識されたからである」というのが私の結論である。

二〇一一年三月一一日(以下、「三・一一」)以前、放射能汚染について我が国は「被害者」との意識が強かったのではなかろうか。一九四五年八月には広島と長崎に原子爆弾が投下され、多くの人命が失われた。被曝した多くの方も、その後長く後遺症に悩まされた。一九五四年三月には、遠洋マグロ漁船第五福竜丸が、米国が行ったビキニ環礁での水爆実験に巻き込まれ、放射性降下物(いわゆる「死の灰」)を浴び、乗組員に死亡者と負傷者が出た。さらに、一九八六年四月には、ソビエト連邦(現ウクライナ)のチェルノブイリ原発4号炉でメルトダウン

(炉心溶融)事故が起こり、周辺住民に大きな被害を与えるとともに、環境へ漏出した放射性物質は、大気大循環により全球規模に広がり世界各国へ沈着した。この事故により直接的・間接的に、多くの人命が奪われ、多くの人々が後遺症にさいなまされている。一方、我が国では、一九九九年九月、茨城県東海村にある核燃料の加工をしているジェー・シー・オー(JCO)で臨界事故が発生した。結果的に従業員二名が死亡し、一名が重症となった。この事故は我が国では原発に関連する事故として深刻な問題を提起したと言えるが、周辺各国を恐怖に陥れるようなものではなかった。すなわち、放射能汚染については、「三・一一」以前は、漠然とであれ、日本人は被害者意識のようなものがあったのではなかろうか。

そして、「三・一一」超巨大地震による福島第一原発の今回の事故である。三月から四月にかけて、大気や海洋へと漏出した放射性物質の量は、国際原子力事象評価尺度の最高レベルである「レベル7」と認定されるように、チェルノブイリ原発事故に次ぐ規模のものであった。当然のことながら、多くの国々が多大な関心を持ち、事故直後、在留している自国の人たちへ帰国命令を出した。海洋の放射能汚染に対しても敏感で、米国や中国は観測船を福島沖に派遣した。すなわち、「三・一一」以降、我が国は人工の放射性物質を環境へ漏出させた加害国となったわけである。

では、人工放射性物質を環境へ漏出させた国の海洋研究者は、何をすべきなのであろうか。このように問題に設定したとき、私たちが行うべきこととは、「海洋の放射能汚染の実態を把握し、また、将来の汚染の予測を行い、それらを迅速に我が国社会のみならず世界へ情報発信すること」である。このことは私たち海洋研究者の責務ですらある。学会員の多くがこのように考え、震災対応WGや、WGメンバーでなくとも、各会員が各人の活動・生活している場で、何らかの活動を行ってきたものと考える。

今回の事故から冷静に学ぶことの重要性

今回の原発事故は、大変不幸な出来事であった。このような中でも、冷静に、今回のこの出来事から、余すところなく、情報を取り出すことも私たちの責務である。ここでいう情報とは、次のようなことである。

海洋で言えば、今回の原発事故は、放射性物質というトレーサー（追跡することができる物質という意味）を海洋へ投入するという現場実験（小さなモデルを使った実験ではないこと）を行ったとも言えるのである。その意味で、海洋内部で放射性物質がどのように移動し、どのように拡散していくのかを調査することは、大きな意味のあることなのである。

海洋の内部で、物質がどのように動き（移流過程）、散らばっていくのか（拡散過程）については、現在でもわかっていないことが多い。また、広い空間と長い時間で海水の動きを平均すると、沈み込んだり、水平に移動したり、上昇したりと、三次元的な循環が現れる。これを「海洋の大循環」という。この大循環を知るためにも、トレーサーの移動と広がりを時間的に追うことが重要となる。実際、海洋研究者は、一九五〇年代から六〇年代に行われた核実験により放出されたトリチウムや炭素一四などの放射性物質を追うことで、大循環に関する知識を得てきた。さらに、現在は使用されていないが、一九七〇年代以降多用された人工合成物質である各種フロンの海洋内での分布を計測することにより同じように海洋の大循環の知識を得てきたのである。不謹慎な表現であるが、今回の出来事は、海洋大循環を研究するまたとないチャンスを与えてくれたのである。

このことは海洋学に限らず言えることであろう。たとえば、これまで放射線被ばく量と癌発生率の関係は、年間一〇〇ミリシーベルト以上では確率的に有意な知見が得られているという。しかし、それ以下の低被ばく量となると、サンプル数が足りずに確定的なことは言えないという。今回の事故から、この不明であった低被ばく時の癌発生率を解明するチャンスを得たとも言える。この機会に徹底的に調査し、この関係を明らかにすることが大事なことである。

繰り返しであるが、今回の原発事故を機会に、冷静に余すことなく、あらゆる分野において、学ぶべきことを学ぶべきであろう。これが次世代に対する、私たちの責務ではなかろうか。

これからの課題

本稿では日本海洋学会が設置した「震災対応ＷＧ」

の活動概要を紹介した。WGの活動は、二〇一二年度に入っても続いている。海洋では、放射性物質を含む海水の移動と拡散は今でも続いており、海洋の放射能汚染は、まさに現在進行中の出来事である。今後も長く海洋の観測・監視が必要である。また、海底土の放射能濃度も場所によっては高濃度で推移しており、この監視も必要である。さらに、魚も種類によっては高濃度の放射能が検出されており、この監視も同じく必要である。このような観測と監視とが今後も持続するよう、日本海洋学会は行政当局に強く働きかけるとともに、学会として適切に対応する覚悟である。

（二〇一二年七月）

【参考文献】

池本端、二〇一二：福島第一原発二〇キロ圏内調査の経緯と課題。JOS NEWS LETTER、二巻一号、一―三。

花輪公雄、二〇一二：日本海洋学会　東日本大震災と海洋研究者の活動。環境技術、四一巻八号、四七二―四七六。

（注）

この文章は、東北大学出版会から出版された『今を生きる　5　自然と科学』（吉野博・日野正輝編、二〇一三年）の第一〇章（一六七―一八二ページ）として掲載されたものに加筆修正を行ったものである。

3　放射能汚染調査は国の責務

本年(二〇一二年)は、海洋基本法が制定されて五周年目に、また海洋基本計画(以下、計画)の第一期の最終年度に当たる。

海洋基本法は、「海洋に関する施策を総合的かつ計画的に推進し、もって我が国の経済社会の健全な発展および国民生活の安定向上を図るとともに、海洋と人類の共生に貢献することを目的」として制定された。そして、海洋の開発・利用と環境保全との調和、海洋の安全の確保、海洋に関する科学的知見の充実、海洋産業の健全な発展、海洋の総合的管理、海洋に関する国際的協調が謳われている。

政府はこの基本法の下に、「海洋に関する施策の総合的かつ計画的な推進を図るため」、基本計画をおおむね五年ごとに定めることにし、第一期計画が二〇〇八年度に策定された。計画では、「海洋における全人類的課題への先導的挑戦」、「豊かな海洋資源や海洋空間の持続可能な利用に向けた礎づくり」、「安全・安心な国民生活の実現に向けた海洋分野での貢献」の三つの目標を掲げその実現に向けて一二の施策が設けられた。

日本海洋学会は一九四一年に海洋学の振興を目的として創立され、研究発表会の開催、学術誌や教科書の刊行、顕彰事業、一般向けシンポジウムなどを行ってきた。これらの活動は、計画の一二の施策で言えば、海洋調査の推進、海洋科学技術に関する研究開発の推進、海洋に関する国民の理解の増進と人材育成などに直接貢献するものである。さらに、海洋資源の開発、環境保全、沿岸域の総合的管理などにも活かされるべきものである。すなわち、本学会は計画の施策を遂行する責務があるとも言える。

昨年三月一一日、マグニチュード9・0の超巨大地震「東北地方太平洋沖地震」が発生した。地震による津波は、東北から関東の太平洋岸を襲い多くの人命を奪うとともに、生活と生産の基盤を破壊し、沿岸域の海洋環境を激変させた。さらに、東京電力福島第一原子力発電所の複数の原子炉が制御不能となり、結果として大量の人工放射性物質を環境へと漏出させた。

当学会は事故後、震災対応ワーキンググループを設置し、海洋における放射性物質による海洋汚染の実態把握などを中心に活動を続けている。

現在、第二期計画の策定が進行している。計画の五年間の進捗状況を精査し、新たな課題を盛り込む作業である。第一期期間中、海洋では温暖化と酸性化、海水位上昇がさらに進行した。また、再生可能エネルギーの開発が喫緊の課題となり、潮流・波力・洋上風力発電など、海洋の持つ可能性に注目が集まっている。

海洋鉱物資源開発や、水産資源管理に向けた取り組みも重要である。さらに、震災後の放射能汚染やがれきの移動の把握、沿岸生態系の復旧と回復の調査も重要な項目であり、これらの推進は諸外国へ向けた我が国の責務でもある。また、例えば海洋学術調査船の整備など、課題を遂行するためのインフラストラクチャーの整備も重要課題である。

次期計画は、今後五年間の我が国の海洋施策の柱となるものであり、日本海洋学会もより良き計画とするため、その策定に最大限の協力をしたい。

（注）

この文章は、「海の日」である二〇一二年七月二〇日（金）発行の日本海事新聞に掲載された、特集「メッセージ　海洋基本法施行五年を迎えて　第二期基本計画に期待すること」の一部であり、日本海洋学会長として寄稿したものである。

4　地球温暖化と海洋の科学

【はじめに】

昨年（二〇一九年）発生した台風は二九個と多く、そのいくつかは強大な勢力まで発達した。中でも一〇月一二日に伊豆半島に上陸し東日本を縦断した台風一九号は、広範囲に豪雨をもたらし、土砂災害や河川の氾濫により多くの尊い人命が奪われる事態となった。そのため、この台風には四二年ぶりに「令和元年度東日本台風」と固有の名前が付けられた。気象や海洋の研究者は、この強大な台風の出現には、日本南方の高い海面水温が関係しており、この背景には地球温暖化の進行があると受け止めている。

本稿は、泉萩会会報編集委員会からの「地球温暖化に伴う個別現象の説明」ではなく、「地球温暖化に関する科学を海洋科学の方から眺めた内容を紹介してください」との要望に応えるべく、地球温暖化と海洋の科学の関係を述べることを目的としている。なお、文献を挙げて論ずるべきところが多々あるが、本稿の性格と分量の制限からすべて省略したことを了承願いたい。

【地球温暖化とは】

「地球温暖化（以後、単に温暖化と記載）」とは、地表面から平均すれば十数キロメートルの高さまでの対流圏下層の気温が長期的に全球にわたり上昇する現象のことである。その最大の要因は大気組成の変化、すなわち温室効果気体（後述）の増加である。一八世紀後半に蒸気機関の実用化を起点として産業革命が起こった。以後、人類が石油や石炭、天然ガスなどの化石燃料を大量に消費したことにより、二酸化炭素やメタンなどの気体が大気に残留することとなった。さらに爆発的な人口増加を背景に、森林から畑作地・牧草地への転換や、人工物の建設などによる地表面の改変、さらには牧畜による家畜の増加なども要因の一つと考えられている。

【温室効果気体と地表面気温】

地球は太陽からの可視光線で熱エネルギーを獲得し、赤外線で同量のエネルギーを宇宙空間へと放射している。もし、地球を取り巻く大気が可視光線や赤外線に反応しない（分子運動が励起されない）とすれば、放射平衡から地表面温度は平均マイナス19℃となる。ところが、現在の地球の地表面温度はおおよそプラス14℃である。この差をもたらしているのは、大気に含まれる水蒸気、二酸化炭素、メタンなど、赤外線に応答する気体の存在である。これらの気体により、地表面と大気との間に赤外線で熱エネルギーが循環するループができ、結果として地表面は太陽からの可視光線と大気からの赤外線の双方によって温められて温度が上昇する。このような状態が「温室」に喩えられたので、この効果を温室効果、この効果をもたらす気体を温室効果気体と呼ぶ。

すなわち、現在の地球が生物生存に適した温度環境を持つのは、水蒸気を除くと全てを集めても体積で０・１％にも満たない温室効果気体の存在なのである。

なお、水蒸気は温室効果気体の中で最大の役割を担っているが、時間的・空間的にほぼ０％から数％と変動が大きいので大気組成には含めない。さらに、水蒸気を人為的に制御することは不可能なので、温暖化を抑制する議論の対象にもなっていない。

【温暖化問題とは】

温室効果気体の存在により気温が上昇し、地球の環境はより温和なものとなっている。では、現在進行している温暖化はどこが問題なのだろうか。それは温室効果気体が短期間に著しく増加しているため、動物や植物などをはじめとする生態系が持つ適応能力を超える速度で気温が上昇していることにある。

ガラスでできたコップを水の中に入れてゆっくりと温めたら、沸騰するお湯になってもコップは壊れない。ところが、煮えたぎるお湯の中に常温のコップを入れたらどうだろう。入れた瞬間に壊れてしまうに違いない。現在の温暖化の急激な進行では、地球の生態系は煮えたぎるお湯の中に入れられたコップなのである。

国連の「気候変動に関する政府間パネル（ＩＰＣＣ）」は、産業革命以来既に温暖化により地表面気温は約１℃上昇したと評価している。このような短期間の急激な気温上昇に対して生態系が適応できず、異変が起こっているとの指摘が数多くなされている。

ＩＰＣＣは、産業革命以前の気温よりも２℃高くなると、破滅的な環境破壊が起こるとしている。この２℃の閾値を「ポイントオブノーリターン（帰還不能点）」、あるいは「ティッピングポイント（転換点）」と呼んでいる。そのため、現在温暖化抑止の目標も２℃以内、できれば１・５℃以内にすることが国際的な合意となっている。

【海洋の特徴】

　気候の形成とその変動や変化には、気候を具現化している気圏（sphere：地球を取り巻いているという意味）に加え、地圏、海洋を含む水圏、雪氷圏、生物圏、そして人間圏が複雑に関与している。気圏だけでは長期の変動は作ることが出来ず、他の圏との相互作用が重要となる。中でも、地表面の70％を占め、地球表層の97％の水を貯える海洋は、気候に変動や変化を作り出す主な要素である。

　物質としての「水」は、地球環境では固体（氷）、液体（水）、気体（水蒸気）の三相を取りうる。液体としての水は、比熱容量や、融解や蒸発の潜熱、さらには物質を溶解する能力が、すべての物質中でも一～二位を争う大きさを持つという極めて特異な物質である。そして海水は、ナトリウムなどの陽イオンと、塩素などの陰イオンを含んだ水である。これらのイオン化合物を総称して塩類と呼ぶ。平均すれば海水一キログラムの中に三五グラムの塩類が含まれており、この状態を塩分35と表現する。

【気候形成における海洋の重要性】

　現在の地球の気候を作るうえで、海洋は重要な役割を担っている。本節では、いくつかの観点から、気候形成における海洋の重要性をみていく。

（１）海洋による熱の南北輸送

　海水は大気と同様流体であるので、外力が加えられると容易に動きだす。その詳細は省くが、海洋と大気の運動により、熱エネルギーは低緯度から高緯度へと輸送されている。これを熱の南北輸送と呼ぶ。地球は流体の層を持たない惑星よりも、地表面温度はより一様化されている。

(2) 海洋の大きな貯熱能力

空気に比べ海水は大きな質量と大きな比熱容量を持つので、大量の熱を貯えることができる。これは多少の熱の出入りがあっても海洋の温度変化は小さいことを意味する。温暖化に伴い海洋はここ六〇年の間に15×10の15乗ジュールの熱を貯えた。この量は温暖化で地球が貯えた総熱量の95%ほどを占める。この熱で大気を加熱すれば数十度昇温する量である。すなわち、海洋は貯熱することで地球温暖化を減速(緩和)させていると言える。しかし、海水が昇温していることで、後述のように環境に様々な変化をもたらす。

(3) 海洋の「記憶」能力

海洋は、大気とは異なり過去の状態を長く記憶する能力を持つ。海洋は常に大気と熱や淡水のやり取りを行い、また、大陸からは大量の淡水が流れ込む。このため、海水の水温や塩分は、空間的にも時間的にも変動している。海洋はこれらの変動を海面下に閉じ込めることができる。例えば、北大西洋の北部や南極の周辺では、大気による冷却のために高密度の海水ができて深層や底層に沈み込む。これらの海水は世界の海洋を数千年かけて循環する(深層循環)。同様に中層や表層にも潜り込む過程が生じ、それぞれの時間スケールで海面下に過去の状態を記憶する。これらの海水は、時間の経過とともに再び大気と海洋の熱や淡水のやり取りに影響を与える。すなわち、大気と海洋は相互作用系をなしている。

(4) 海洋生態系の物理・化学環境への関与

海洋にはウイルスから細菌、植物・動物プランクトン、様々な魚類やほ乳類などの動物、あるいは海藻・海草などの植物が存在している。これら海洋生態系は、物理・化学環境に対し受動的な存在ではなく、能動的な役割を担っている。単純な例では、表層における生物は可視光線により高温となり、海水の昇温をもたらす。また、ある種の植物プランクトンはディメチルサルファイド(DMS)を作る。DMSは大気中に舞い上がり、酸化されて硫酸化合物となり雲の核となる。すなわち、雲を出来やすくすることで大気海洋相互作用を活溌化させる役割を担う。

【温暖化の進行による海洋の変化とその生態系への影響】

これまで述べてきたように、海水と海洋の持つ特徴や特性が、大気が具現化している気候の成り立ち(形成)や変動・変化に対して、重要な役割を担っている。では、温暖化に伴う海洋の変化は、地球の環境や生態系に対してどのような影響を与えるのであろうか。

(1)海水温の上昇とその影響

温暖化に伴い海水温が上昇し、海洋は熱を貯える。現在ほぼ海洋全層での昇温がみられる。気温に比してその大きさは小さいが、表層ほど大きな昇温である。北太平洋の西側に位置する日本周辺は、南方から暖水を運ぶ黒潮が流れている海域であり、他の海域よりも昇温は著しい。

海水の温度の上昇は、直接海洋生態系へ影響する。例えばサンゴは植物プランクトンの一種である褐虫藻と共生しているが、昇温がストレスとなり褐虫藻が離れることでサンゴが白化する(白化現象)。この状態が長期化するとサンゴが白化するとサンゴの死滅につながる。日本最大の造礁サンゴがある石西礁湖(せきせいしょうこ)や、世界最大のオーストラリア北東沖のグレートバリアリーフでは、既に大規模なサンゴの白化と死滅が進行している。

サンゴに限らず、魚類にも大きな影響を与えている。それぞれの魚種には適した水温帯があり、昇温の結果、生育・生存する海域が変わってきている。

昇温は表層ほど大きいので、海水の密度も表層でより低下する。海水の密度分布を成層と呼ぶが、温暖化はより安定な成層を作ることになる。安定な成層は海水の混合を弱化させる。海水に含まれる栄養塩(リン酸、硝酸、ケイ酸などの希少塩類)は下層ほど濃度が高く、表層の栄養塩は鉛直混合により下層から供給される。すなわち、成層の安定化は表層への栄養塩供給の弱化をもたらすので、食物プランクトンの量を左右することになる。

一方、海水温の上昇は、相互作用する大気の現象にも影響を与える。現在の地球システムでは、海面水温が28℃を超えると海面からの蒸発が活発となる。この28℃という温度は、台風が発生する海域の目安でもある。また、空気は1℃当たり7%ほど多くの水蒸気を含むことができる。上昇・下降を伴う対流的な運動では水蒸気の潜熱が増加するため、運動はより強化され、台風がより発達する要因となっている。

（2）海水位の上昇

温暖化に伴い大陸上の氷河や、グリーンランドと南極の氷床の融解が進み、大量の水が海洋へと流入し、海水の量そのものが増えている。さらに海水温の上昇に伴い、海水は膨張している。これら二つの要因により、海水位の上昇が続いている。ＩＰＣＣは、二〇世紀中に全球平均で一五〜二〇センチメートルほど海水位が上昇したと評価している。現在は三年間で一センチメートルの上昇である。このまま温暖化が進行すれば、二一世紀末までにさらに数十センチメートルから一メートルの上昇が予想されている。

海水位は、台風や低気圧による気圧低下によっても上昇する。また、沿岸域では風による吹き寄せの効果による上昇もある。沿岸域における海水位の上昇を高潮（たかしお）と呼ぶが、温暖化による海水位の上昇が背景となり、高潮は今後これまで以上に頻繁に起こるとみなされている。また、日本のみならず世界の大都市ほとんどは海岸部に位置しており、海水位上昇に対する対応は莫大な経費がかかる課題となる。

大陸氷河や氷床の融解と海水温の上昇は、気温上昇よりも遅れて進行しており、海水位の上昇は今後数世紀にわたることが予想されている。

（3）海洋の酸性化

水分子の特異な構造により海水の溶解力は極めて大きく、ほとんどの物質を溶かす能力を持つ。海水は一年間に人類が放出する二酸化炭素の三〇％程度を吸収している。大気中に残留する二酸化炭素を減少させているという点からも、海洋は温暖化進行を抑制している。

海水中では二酸化炭素、重炭酸イオン、炭酸イオンの間で化学平衡が成立している。ここに新たに二酸化炭素が溶け込むと新しい平衡に移り、結果として水素イオンが増加し、海水のｐＨが低下する。海洋の酸性化である。ｐＨは、産業革命以来０・１低下し、現在は8・1程度である。二酸化炭素の吸収は、炭酸イオンの減少ももたらす。酸性化と重炭酸イオンの減少は、どちらも生物による炭酸カルシウムの生成を阻害する。植物・動物プランクトンの中には炭酸カルシウムの殻を持つものも多く、その生育を妨げることから生存量の減少が懸念されている。さらに、植物・動物プランクトン量の減少は、それらを捕食する魚貝類にも影響を与え、食物連鎖により大型魚類などにも広がり、ひいては水産資源の減少をもたらすことになる。

植物プランクトンは光合成を行うことで、海水中に溶けている二酸化炭素を固定し有機化している。これらの植物プランクトンとそれらを捕食する動物プランクトンは、やがて死骸となって海底へ沈降する。すなわち、植物プランクトンと動物プランクトンは固定化した炭素を海底へと、表層から速やかに除去していることになる。この過程を「生物ポンプ」と呼ぶ。海水の酸性化による植物・動物プランクトン量の減少は、生物ポンプの能力低下を意味する。

前述のように海水中では二酸化炭素、重炭酸塩、炭酸塩の間で平衡が成立しており、酸性化が進むほど二酸化炭素(の分圧)が増加する。したがって、酸性化による二酸化炭素分圧の増加により大気の分圧との差が縮まり、表層海洋の昇温の効果とともに、海洋による二酸化炭素吸収能力を低下させることになる。

【温暖化における海洋の科学の課題】

温暖化に対して海洋は、地表面の熱を吸収すること、そして大気中の二酸化炭素を吸収することで、その進行を抑制している。しかし、その結果としていわば「しっぺ返し」のように海洋では水位上昇や酸性化が進行し、生態系にも様々な「負」の影響が出現することになる。今後温暖化をどのように緩和・阻止していくかは、人類全体でどのような文明を目指すのかという価値判断と、それを実際に実現するための諸々の技術開発が折り合う必要がある。温暖化に対する合意形成は大変厄介な問題で、実際に米国のトランプ大統領は温暖化抑制を目指す「パリ協定」からの離脱を決めた。また、種々の技術開発も大変困難な問題である。

このような中で、「海洋の科学」の課題は重い。温暖化の進行に伴い地球の環境がどのようになってゆくのか、精密な予測を求められているからである。そのためには、抽象的に言えば、過去の海洋の変動・変化を再現し（古気候の再現）、現在時々刻々と変わりつつある海洋を監視し（モニタリング）、その変動・変化の仕組みを明らかにし（メカニズム解明）、さらに今後の温室効果気体の排出シナリオの下で、海洋がどのように変動・変化していくのかを予測すること（数値モデリング）が求められる。

海洋の科学は、他の地球科学の諸分野と同様に「分散型巨大科学」である。巨大な実験・計測装置が世界に一つあれば目的を達するような「集中型巨大科学」とは根本的に異なっている。すなわち、ある地点の温度を世界最高の精度で計測しても意味はなく、海洋の至る所で、かつ十分な時間分解能で計測して初めて意味を成すのである。したがって、世界各国との連携が必然となる。

また、「海洋の科学」と記したように、海洋の物理学のみならず化学や生物学など、海洋に関する諸分野を総動員して行わなければならないことは、これまでの記述で容易に想像できよう。そしてさらに、海洋にとどまらず相互作用する大気（気圏）や、その他の気候システムを構成する地圏、雪氷圏、生物圏、そして人間圏を含めた総合的なアプローチも求められている。

温暖化は海洋の研究者に大きな課題を突き付けているのである。

（注）

この文章は、東北大学理学部・大学院理学研究科の物理学・天文学・地球物理学の物理系三教室の同窓会組織泉萩会の会報、三六号（二〇二〇年六月発行）に掲載されたものに一部修正を加えたものである。

東北大学出版会ブックレット

若き研究者の皆さんへ

—青葉の杜からのメッセージ—

花輪公雄　著　定価（本体900円＋税）　2015年11月刊行

「研究とは自分で問題を作り、自分で回答を書くことである」

自身の研究分野にかんするトピックやこぼれ話、教育現場で感じる喜びと課題、さらには日常生活で出会う様々な事柄などをとおし、これからの時代の最前線を担う若き研究者たちへの問いかけや提言を軽快な筆致でつづる。

続　若き研究者の皆さんへ

—青葉の杜からのメッセージ—

花輪公雄　著　定価（本体900円＋税）　2016年12月刊行

「若い皆さんには、言葉に対する感性を磨いてほしい」

専門研究のおもしろさや幅広い読書の効用、日常生活の様々な気づきのほか、東日本大震災を境にした科学と歴史の転換など多方面にわたる鋭い観察眼からの言葉をつなぐ。

東北大生の皆さんへ

—教育と学生支援の新展開を目指して—

花輪公雄　著　定価（本体900円＋税）　2019年4月刊行

「大学で学ぶこととは、『学び方を学ぶこと』だと考えています」

講義、課外活動、読書、留学…。大学における学びの場面をとおし、東北大学理事（教育・学生支援・教育国際交流担当）として学生たちに語りかける日記風エッセイ。

続　東北大生の皆さんへ

—教育と学生支援の新展開を目指して—

花輪公雄　著　定価（本体900円＋税）　2019年10月刊行

「研究する心、科学する心をもって臨んでください。」

留学生との交流、ライバル校と競う七大戦、大学における防災、国際人としての語学力…。学びとともに経験する大学での様々な経験を成長の糧とすることを願う、東北大学理事（教育･学生支援･教育国際交流担当）からの学生へのメッセージ。

海洋瑣談

花輪公雄　著　定価（本体900円＋税）　2023年9月刊行

**「まずはボトムアップで、私たちの身の回りから、
地球温暖化防止のための行動を起こしてみよう。」**

「台風の「吸い上げ効果」」、「海洋学の父モーリー」、「IPCCノーベル平和賞受賞に対する私のコメント」、「イカは烏の賊」、「はやぶさブーム」、「「平均値」の更新」、「研究者冥利の一つ」…。海洋・気象・気候等をテーマに、同領域の科学を知る面白さや時事問題の注目点、専門研究の魅力を軽妙に語る。

＜著者略歴＞

花輪　公雄（はなわ・きみお）

1952年、山形県生まれ。1981年、東北大学大学院理学研究科地球物理学専攻、博士課程後期3年の課程単位修得修了。理学博士。専門は海洋物理学。東北大学理学部助手、講師、助教授を経て、1994年教授。2008年度から2010年度まで理学研究科長・理学部長、2011年度から2017年度まで理事（教育・学生支援・教育国際交流担当）。2018年3月、定年退職。東北大学名誉教授。2021年度から2023年度まで山形大学理事（企画・評価／IR・総務・内部統制・危機管理担当）・副学長。2024年5月より海洋研究開発機構特任上席研究員。

続 海洋瑣談

Zoku Kaiyousadan

2024年12月19日　初版第1刷発行

著　者　花輪 公雄
発行者　関内 隆
発行所　東北大学出版会
〒980-8577　仙台市青葉区片平2-1-1
TEL：022-214-2777　FAX：022-214-2778
https://www.tups.jp　E-mail：info@tups.jp
印　刷　社会福祉法人　共生福祉会
萩の郷福祉工場
〒982-0804　仙台市太白区鈎取御堂平38
TEL：022-244-0117　FAX：022-244-7104

ISBN978-4-86163-405-5　C0340
定価はカバーに表示してあります。
乱丁、落丁はおとりかえします。